U0281713

西南地区典型固(危)废处理及资源化

徐中慧　舒建成　韩林沛　著

重庆大学出版社

内容提要

本书以西南地区典型固(危)废(主要包括无钙焙烧铬渣、页岩气油基钻井岩屑、工业副产石膏、生活垃圾焚烧飞灰)的资源环境属性分析为基础,结合矿物学、环境学和材料学理论,由浅入深地介绍了上述固(危)废的处理与资源化利用技术。

本书的内容紧密结合了"以废治废、以废利废、资源循环"的理念,可为高等院校、科研院所和企事业单位从事固(危)废处理工作的设计和研发人员提供参考。

图书在版编目(CIP)数据

西南地区典型固(危)废处理及资源化／徐中慧,
舒建成,韩林沛著. -- 重庆:重庆大学出版社,2023.3
ISBN 978-7-5689-3818-1

Ⅰ.①西… Ⅱ.①徐…②舒…③韩… Ⅲ.①固体废
物处理②固体废物利用③危险物品管理—废物处理④危险
物品管理—废物综合利用 Ⅳ.①X7

中国国家版本馆 CIP 数据核字(2023)第 056840 号

西南地区典型固(危)废处理及资源化
XINAN DIQU DIANXING GU(WEI) FEI CHULI JI ZIYUAN HUA

徐中慧　舒建成　韩林沛　著
策划编辑:范　琪

责任编辑:李定群　版式设计:范　琪
责任校对:邹　忌　责任印制:张　策

＊

重庆大学出版社出版发行
出版人:饶帮华
社址:重庆市沙坪坝区大学城西路21号
邮编:401331
电话:(023) 88617190　88617185(中小学)
传真:(023) 88617186　88617166
网址:http://www.cqup.com.cn
邮箱:fxk@cqup.com.cn(营销中心)
全国新华书店经销
重庆升光电力印务有限公司印刷

＊

开本:720mm×1020mm　1/16　印张:6.75　字数:98 千
2023 年 3 月第 1 版　2023 年 3 月第 1 次印刷
ISBN 978-7-5689-3818-1　定价:58.00 元

前　言

习近平总书记关于"绿水青山就是金山银山"的科学论断为我们解决好人类经济活动与环境保护之间的矛盾指明了方向。我国西南地区矿产资源丰富、人口众多，在生产生活中产生的固体废物不可避免地给当地生态环境保护带来较大压力。固体废物高效资源化是解决好环境保护、资源开发与生产生活之间矛盾的有力手段。本书基于上述感悟和整理前期研究工作，系统介绍了页岩气油基钻井岩屑、无钙焙烧铬渣、生活垃圾焚烧飞灰及工业副产石膏等固（危）废的主要资源化利用工艺和技术，以期为该类固（危）废的综合利用提供理论和技术支持。

本书共6章，第1章简述了固体废物的来源、分类、鉴别程序和规模化利用技术现状；第2章主要介绍了页岩气油基钻井岩屑制备陶粒的工艺；第3章主要介绍了高温自蔓延技术解毒固化处理无钙焙烧铬渣的技术；第4章主要介绍了生活垃圾焚烧飞灰与火山灰质工业废渣复合制备碱矿渣水泥的工艺；第5章主要介绍了基于蒸汽动能磨超细粉碎工业副产石膏作水泥掺合料的工艺；第6章简述了电解锰渣、赤泥和餐厨垃圾处理与资源化利用技术现状等。

本书第1章由徐中慧、韩林沛、胡丹、向应令撰写，第2章由徐中慧、向应令撰写，第3章由徐中慧、韩林沛、李汉撰写，第4章由于徐中慧、韩林沛、舒建成撰写，第5章由徐中慧、胡丹撰写，第6章由舒建成、向应令撰写。全书由徐中慧统稿，徐中慧、舒建成、韩林沛、胡丹、向应令、李汉、李雷、李佳艺等校稿。本书研究工作中部分制样和测试工作得到了西南科技大学林龙沅、王维清、黄阳、肖定军、傅开彬、文华等老师的帮助与支持。

最后，感谢国家重点研发计划"固废资源化"专项"西南化工冶金特色产业集聚区固废规模利用集成示范"（2018YFC1903500）、西南科技大学重点科研平台专职科研创新团队建设基金"火山灰质工业废渣深加工及高值化利用关键技术"（14tdgk04）等项目对本书相关研究工作的资助。同时，本书的完成和出版得到了西南科技大学环境与资源学院、土木工程与建筑学院、固体废物处理与资源化教育部重点实验室和分析测试中心等各位领导和老师们的大力支持，在此一并表示衷心感谢！

　　由于时间和水平所限，书中难免存在疏漏之处，敬请各位同行和读者批评指正。

著　者

2022 年 10 月

目 录

第1章 绪 论

1.1 固体废物和危险废物的来源与分类

1.1.1 固体废物来源及分类

固体废物是指在社会的生产、流通、消费等一系列活动中产生的,在一定时间和地点无法利用而被丢弃的污染环境的固体、半固体废弃物质。不能排入水体的液态废物和不能排入大气的置于容器中的气态废物,由于多具有较大的危害性,一般也归入固体废物管理体系。固体废物主要来自人类生产过程和生活过程的一些环节。按照来源可将固体废物分为3类:城市生活垃圾、农业固体废物和工业固体废物。

1)城市生活垃圾

城市生活垃圾是指在城市日常生活中或者为城市日常生活提供服务的活动中产生的固体废物。它主要包括居民生活垃圾、医疗废物、商业垃圾、建筑垃圾等。一般而言,城市生活垃圾产量为 $1 \sim 2 \ kg/(人 \cdot d)$。其产量大小和成分受城市居民物质生活水平、习惯、废弃物回收利用率以及市政建设情况等因素影响。国内城市生活垃圾主要为餐厨垃圾、玻璃、塑料、废纸等。

2)农业固体废物

农业固体废物是指在农村居民家庭生活和农业生产过程中产生的固体废

物。前者主要为餐厨垃圾、煤渣、废纸、纤维材料、织物、橡胶、塑料、玻璃等;后者主要是在农业生产过程中产生的农作物秸秆、有机类杀虫剂、除草剂、农用地膜等塑料制品,畜禽养殖废弃物,以及农业设施产生的建筑垃圾等。此类垃圾难以降解,若长期堆积在农田会破坏土壤结构、影响土壤肥力、降低农业生产力,对农业生态环境有较大潜在危害。

3）工业固体废物

工业固体废物按照其来源及物理性状,可分为以下五大类:

①冶金工业固体废物,如钢渣、高炉渣、电解锰渣、赤泥、铅锌冶炼废渣等。

②能源工业固体废物,如粉煤灰、固硫灰、废太阳能板、废电池等。

③石油化学工业固体废物,如含油钻屑、废催化剂、废酸(碱)渣等。

④矿业固体废物,如废石、尾矿、尾砂等。

⑤其他工业固体废物,如废纸、废塑料、废玻璃等。

1.1.2 危险废物来源及分类

危险废物是指列入国家危险废物名录,或根据国家规定的危险废物鉴别标准和鉴别方法认定的具有危险特性的固体废物。危险废物具有毒性、易燃性、腐蚀性、反应性或传染性等一种或多种危害特性。危险废物主要来源见表1.1。

表 1.1 危险废物主要来源

主要来源	种 类	典型废物
工业	重金属废物、废有机溶剂、其他危险化学品废物及残渣等	铅锌冶炼废渣、铬渣、油泥
农业	废农药、废杀虫剂及其包装等	废农药瓶
医疗	废医疗器械、废水、废药品及其处理残渣等	医疗垃圾焚烧飞灰
市政生活	垃圾焚烧、装修废物、过期药品等	生活垃圾焚烧飞灰、废电池
其他	教育科研行业废实验材料、服务行业具有传染性的包装废物等	过期的化学试剂,如双氧水、过氧化钠、盐酸等

我国在《控制危险废物越境转移及其处置巴塞尔公约》划定类别基础上，结合我国实际情况发布了《国家危险废物名录（2021 年版）》。该名录将我国的危险废物划分为 50 大类，见表 1.2。

表 1.2 危险废物分类

编号	类别	编号	类别	编号	类别
HW01	医疗废物	HW18	焚烧处置残渣	HW35	废碱
HW02	医药废物	HW19	含金属羰基化合物废物	HW36	石棉废物
HW03	废药物、药品	HW20	含铍废物	HW37	有机磷化合物废物
HW04	农药废物	HW21	含铬废物	HW38	有机氰化物废物
HW05	木材防腐剂废物	HW22	含铜废物	HW39	含酚废物
HW06	废有机溶剂与含有机溶剂废物	HW23	含锌废物	HW40	含醚废物
HW07	热处理含氰废物	HW24	含砷废物	HW41	含有机卤化物废物
HW08	废矿物油与含矿物油废物	HW25	含硒废物	HW42	废有机溶剂
HW09	油/水、烃/水混合物或乳化液	HW26	含镉废物	HW43	含多氯苯并呋喃类废物
HW10	多氯（溴）联苯类废物	HW27	含锑废物	HW44	含多氯苯并二噁英废物
HW11	精（蒸）馏残渣	HW28	含碲废物	HW45	含有机卤化物废物
HW12	染料、涂料废物	HW29	含汞废物	HW46	含镍废物
HW13	有机树脂类废物	HW30	含铊废物	HW47	含钡废物
HW14	新化学物质废物	HW31	含铅废物	HW48	有色金属采选和冶炼废物
HW15	爆炸性废物	HW32	无机氟化物废物	HW49	其他废物
HW16	感光材料废物	HW33	无机氰化物废物	HW50	废催化剂
HW17	表面处理废物	HW34	废酸	—	—

1.2　固（危）废物鉴别程序

　　固(危)废物鉴别是固(危)废物概念和分类的基本应用及范围延伸,是根据国家规定的技术方法或导则,确定待鉴别物品属性的过程。本节内容主要包括固体废物鉴别程序和危险废物鉴别程序两个部分。

1.2.1　固体废物鉴别程序

　　目前,固体废物鉴别的主要依据包括《中华人民共和国固体废物污染环境防治法》(2020 年修订)、《固体废物鉴别标准　通则》(GB 34330—2017)和《固体废物鉴别导则(试行)》等。《固体废物鉴别标准　通则》(GB 34330—2017)规定了依据产生来源的固体废物鉴别准则,在利用和处置过程中的固体废物鉴别准则,不作为固体废物管理的物质,不作为液态废物管理的物质,以及监督管理要求等。《固体废物鉴别导则(试行)》中规定了固体废物与非固体废弃物的鉴别流程,如图 1.1 所示。

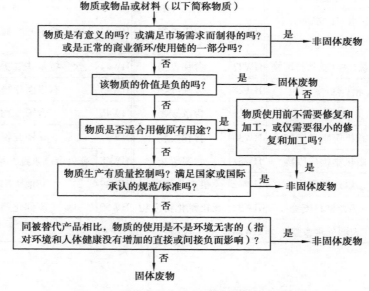

图 1.1　固体废物与非固体废物鉴别流程图

1.2.2 危险废物鉴别程序

我国危险废物鉴别的主要依据包括《固体废物鉴别标准 通则》（GB 34330—2017）、《国家危险废物名录（2021 年版）》和《危险废物鉴别标准 通则》（GB 5085.7—2019）等。主要鉴别程序如下：

①依据法律规定和 GB 34330—2017，判断待鉴别的物品、物质是否属于固体废物（包括液态废物）。不属于固体废物的，则不属于危险废物。

②经判断属于固体废物的，则首先依据《国家危险废物名录（2021 年版）》鉴别。凡列入《国家危险废物名录（2021 年版）》的固体废物，均属于危险废物，不需要进行危险特性鉴别。

③未列入《国家危险废物名录》中，但不排除具有腐蚀性、毒性、易燃性、反应性的固体废物，依据 GB 5085.1—2007，GB 5085.2—2007，GB 5085.3—2007，GB 5085.4—2007，GB 5085.5—2007，GB 5085.6—2007，以及 HJ 298—2019 进行鉴别。凡具有腐蚀性、毒性、易燃性、反应性中一种或一种以上危险特性的固体废物，属于危险废物。

④对未列入《国家危险废物名录（2021 年版）》且根据《危险废物鉴别标准 通则》（GB 5085.7—2019）无法鉴别，但可能对人体健康或生态环境造成有害影响的固体废物，由国务院生态环境主管部门组织专家认定。

危险废物与其他物质的混合物、危险废物利用过程和处置后产生的废物分别依据《危险废物鉴别标准 通则》（GB 5085.7—2019）第 5 条和第 6 条的规定进行判定。我国危险废物鉴别流程如图 1.2 所示。

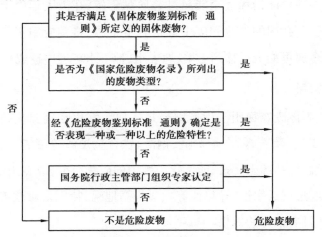

图 1.2 我国危险废物鉴别流程图

1.3 固（危）废规模化利用技术现状

1.3.1 一般工业固体废物规模化利用

固体废物规模化利用是将废物中的材料和能源进行粗略回收，可在较大程度上缓解环境污染和资源浪费的问题。《2020 年全国大、中城市固体废物污染环境防治年报》统计数据显示，2019 年一般工业固体废物产生量达 13.8 亿 t，综合利用量 8.5 亿 t。一般工业固体废物的规模化利用可以总结为以下 5 个方面：

1）金属提取

从有色金属渣中可提取金、银、钴、金、硒、磷、铊、钯、铂等。飞灰和煤矸石中含有铁、钼、钪、锗、钒、铀、铝等金属，但存在提取过程繁杂、成本高的问题。

2）生产建筑材料

以粉煤灰、煤矸石、工业副产石膏等为代表的含有硅、铝、钙等元素的固废可用于生产水泥、充当混凝土骨料、制备墙体材料等。尾矿经再选烧制后获得的尾矿砖，其各项性能指标甚至能超过普通黏土砖，在极大程度上缓解了尾矿堆存问题。然而，我国的工业固废中常含有重金属，将其应用于建材生产与使用过程中，重金属可能会迁移到土壤、地表水、地下水环境中造成环境污染。

3）生产肥料

有机工业固体废弃物用于生产肥料是实现无害化和资源化处理的有效途径。此外，粉煤灰、磷石膏、高炉炉渣、钢渣、铁合金炉渣等废渣富含硅、钙及少量钼、硼、铜、锰、锌和稀土元素，能优化土壤中的矿物组分，改良土壤结构（如增强土壤孔隙度、透气透水性、导热性等），对提高地温，特别是对改善胶质土壤的物理化学性状具有很好的效果。

4）热回收

很多工业固体废物热值高,可作为潜在热源充分利用。如通过有机废物的焚烧处理回收热能、通过热裂解技术回收燃料、利用堆肥产生沼气等。

5）充当工业原料

以高炉渣为例,其主要工业应用除生产水泥和混凝土之外,还可用于生产矿渣骨料、膨珠、矿渣棉等。钢渣由于含有 CaO 和铁氧化物等可作为烧结熔剂代替石灰石,也可用作炼钢返渣减少初期渣对炉衬的侵蚀,降低耐火材料的消耗。

1.3.2 城市垃圾规模化利用

1）城市垃圾预处理回收技术

预处理的主要措施有分级、破碎、风选、磁选等。城市垃圾经过输料装置传送至破碎装置,可将袋装混合垃圾破碎散落出来,再经过风选、磁选等系统筛选出轻质垃圾和金属类垃圾,实现可利用垃圾回收。不可回收垃圾将进行卫生填埋处理、焚烧处理和堆肥处理等。

2）卫生填埋法

卫生填埋法是一种垃圾无害化处理方法。它分为一般卫生填埋法和过滤排水循环卫生填埋法两种。在垃圾填埋的土地上,一般 20 年不应建造房屋,只作为公园、绿地、牧场等。

3）焚烧

生活垃圾分类后,将可燃烧且热值较高部分用作燃料在特定条件下进行高温焚烧,再利用热电转化技术将热能转化为电能,可为垃圾焚烧厂自身运行或周边其他配套设施的运行提供电力能源。垃圾焚烧发电的实现方式主要分为两种:一是在高温焚烧中产生的热能转化为高温蒸汽推动涡轮机转动,使发电机产生电能；二是对不能燃烧的有机物进行厌氧处理，最后干燥脱硫，产生甲烷燃烧，最终将热能转化电能。

4）堆肥

堆肥处理的原理是利用微生物生理代谢降解垃圾中的有机物。一般来说，垃圾在堆肥过程中可产生一定的热量，使得细菌、寄生虫卵、杂草种子失活，促进了有机成分转化为肥料。堆肥法的优点是无害化和资源化效果好，且出售肥料产品有一定的经济收益。但是，该法需要一定的技术和设备投入，投资和处理成本较高，堆肥产品的产量、质量和价格受垃圾成分的影响较大。

1.3.3 农业固体废物规模化利用

农业固体废物中有机物含量高，规模化利用方式主要有堆肥、生产沼气和其他生物质燃烧等。农业固废堆肥工艺主要包括好氧堆肥和厌气堆肥。好氧堆肥的温度一般为 50 ~ 65 ℃，最高可达 90 ℃，堆肥周期短；厌氧堆肥由空气发酵原料，低温堆肥，工艺简单，成品堆肥中氮滞留较多。固体废物厌氧发酵产沼气有两种方法：一种是将有机固体废弃物卫生填埋，自然发酵产生沼气，如城市生活垃圾卫生填埋，有机物分解过程中气体中含有甲烷、二氧化碳，以及少量碳氢化合物和少量硫化氢等；另一种方法是农村家庭沼气池厌氧发酵产气。其他生物质燃料主要是以农业废弃物为原料，经粉碎后加压增密成型制备有机质燃料颗粒或经发酵后制工业酒精等。

1.3.4 工业危险废物规模化利用

《2020 年全国大、中城市固体废物污染环境防治年报》显示，2019 年，196 个大、中城市工业危险废物产生量达 4 498.9 万 t，综合利用量 2 491.8 万 t，处置量 2 027.8 万 t，贮存量 756.1 万 t。工业危险废物综合利用量占利用处置及贮存总量的 47.2%，处置量、贮存量分别占比 38.5% 和 14.3%。综合利用和处置是处理工业危险废物的主要途径。

目前,《国家危险废物名录(2021 年版)》将危险废物分为 50 个大类。危险废物种类繁多且无害化资源化利用难度较大。企业危险废物管理人员普遍缺乏危险废物管理知识,对生产原材料和工艺不熟悉,无法规范分类和包装各类危险废物。多种危险废物混合收集与暂存额外产生了大量包装类危险废物,导致终端处置需耗费更多检验和时间成本,极大地增加了安全风险。工业危险废物处置的一般方法仍以填埋法、焚烧法、堆肥法、固化/稳定化处理为主。

1.4　本书主要内容

本书对西南地区典型固(危)废的处理及资源化技术进行了总结,重点介绍了页岩气油基钻屑、无钙焙烧铬渣、生活垃圾焚烧飞灰、工业副产石膏等的来源、特性、处理与资源化现状。在作者团队前期研究工作基础上,提出了机械力化学法降解处理油基钻屑、高温自蔓延技术还原解毒固化处理铬渣、机械力化学法处理生活垃圾焚烧飞灰、蒸汽动能磨超细加工处理工业副产石膏等处置技术。同时,归纳总结了电解锰渣、赤泥、餐厨垃圾的资源化技术。西南地区所涉及固(危)废种类繁多,但受限于笔者水平及相关资料欠缺,本书仅介绍了有限几种典型固(危)废,而无机金属/非金属尾矿、冶炼渣、无机/有机污泥、医疗废物、农业废物等固(危)废的综合利用技术并未在本书中涵盖。

第2章 页岩气油基岩屑的处理与资源化利用

2.1 页岩气油基岩屑的来源与特性

在页岩气开采过程中,为了冷却和润滑钻头,稳定井壁和控制地下压力,油基钻井液(含有大量柴油或柏油)得到广泛应用。页岩气油基钻井液在循环过程中携带大量岩屑和泥沙,通过振筛机、除砂机、离心机、除泥机等设备的共同作用最终形成岩屑和泥浆的混合物,即页岩气油基钻井岩屑(以下简称油基岩屑)。油基岩屑一般由油、水、沥青质、岩屑及其他杂质组成,因其含有重金属、石油类等污染物,被我国列为危险废物。油基岩屑浸出液中石油类含量远高于国家标准《石油化学工业污染物排放标准》(GB 31571—2015)规定限值 5 mg/L。而西南地区油基岩屑中重金属含量较低,一般未超过《危险废物填埋污染控制标准》(GB 18598—2019)规定的重金属含量限值。油基岩屑的主要无机成分为 SiO_2 和 $BaSO_4$,分别来源于页岩和油基钻井液中的加重剂。油基岩屑含油含水率高,无害化和资源化处理难度较大。目前,我国每年大约会产生 800万 t 油基岩屑,而随着页岩气开采规模的逐年扩大,油基岩屑的产生量将会逐年上升,其安全处置和资源化已成为当下人们关注的热点。

2.2　页岩气油基岩屑处理与处置技术

页岩气油基岩屑的无害化与资源化处理技术主要有热脱附、溶液萃取、生物处理、化学清洗、固化填埋、水泥窑协同及高温烧结制陶粒等。

2.2.1　热脱附

热脱附是指通过加热使水、有机组分等挥发分从油基岩屑中分离,达到净化油基岩屑的目的。油基岩屑热脱附生产工艺主要由进料、加热、旋风分离、油水分离等组成。其具体工艺流程如图 2.1 所示。热脱附处理油基岩屑效果好(处理后油基岩屑含油率低于 1%),可回收 75% 左右的油分用于油基钻井液的配置,二次污染小。但是,热脱附处理过程中能耗高,工艺参数控制难度大,温度控制要求极高。温度偏高,则可能会导致油品性质发生改变,无法重复利用,大幅降低油品价值;温度偏低,则可能导致油基岩屑中的油分回收率低。

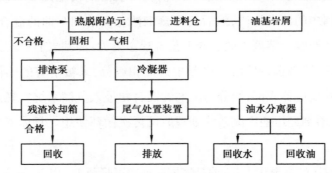

图 2.1　油基岩屑热脱附生产工艺流程

2.2.2　化学清洗法

化学清洗法是利用表面活性剂降低油基岩屑中油相与清洗液的界面张力,提高油分在液相的溶解度,同时将固相的润湿性从亲油变为亲水,降低油分和岩屑的结合力，以达到油分和固相分离的目的。化学清洗法处理油基岩屑工艺流程如图2.2所示。化学清洗法可将油基岩屑的含油率降至2%以下。该方法成本低，工艺简单，可实现油分回收。因各地区开采工艺不同，故油基岩屑成分差异较大。目前，尚缺乏一种适应范围广的高效化学清洗剂。化学清洗后的废水处理提高了该工艺的处理成本。将化学清洗技术与微生物处理技术结合，可降低成本，提高处理效率，减少二次污染。

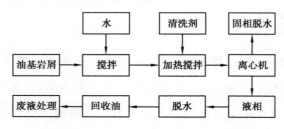

图2.2　化学清洗法处理油基岩屑工艺流程

2.2.3　溶液萃取法

溶液萃取法是利用"相似相溶"原理，将有机溶剂按配比加入油基岩屑中，提取油基岩屑中的油类物质，然后使用蒸馏法分离溶剂与油的混合物，实现油分与固相分离回收。溶液萃取法的工艺流程主要为：油基岩屑与溶剂在反应器中充分混合后，溶剂选择性溶解岩屑中的油相组分，未被溶解的固体杂质由于密度差沉降在反应器底部；油分与溶剂的混合物进入蒸馏系统实现溶剂与油的分离；分离的溶剂经压缩冷凝系统处理后可再次循环使用。具体工艺流程如图2.3所示。

该处理方法的主要优点是：油基岩屑含油率可降至1%以下，油分回收率可达98%，可实现油基钻井液和萃取剂多次重复利用。但是，该工艺需在18~25 MPa的高压环境中运行，设备要求高。部分萃取剂有毒，可能对操作人员的健康带来威胁。目前，超临界CO_2流体由于其低毒、不燃等优点受到广泛关注。其原理是通过CO_2的排出与排入改变溶剂的极性、亲水性和疏水性，实现有机物的萃取和油分回收。但是，该技术尚未成熟，未实现规模化应用。

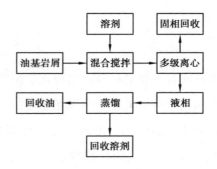

图 2.3　萃取技术处置油基岩屑工艺流程

2.2.4　微生物处理法

微生物处理法是利用自然界的微生物(如红酵母菌、芽孢杆菌、白腐真菌等)在适宜的温度、湿度和氧气条件下,通过其新陈代谢将油基岩屑中的有机污染物分解为 CO_2,H_2O 等小分子物质的方法。主要操作步骤:将油基岩屑、菌株和添加剂均匀混合后平铺放置在适宜温度和湿度的环境下;定期加入磷、氮等无机营养元素,以改善微生物的生存环境,促进其对石油污染物的分解。其具体工艺流程如图 2.4 所示。在微生物处理过程中,通常会加入少量木屑、秸秆、锯末或草屑等物质作为添加剂,既可为微生物提供有机物和氮源,还能在油基岩屑中支撑形成空隙为微生物的降解活动提供氧气,加快微生物的代谢。

微生物处理法具有成本低、环境友好、反应条件温和等显著优点,但处理周期过长,缺乏适用范围广的菌株,处理效果难以满足要求。中国石油天然气集团有限公司、中国石油化工集团有限公司开发了一种由化学清洗、机械除油和微生物处理联用的新型处理工艺,能有效地分离岩屑、水分和油分。

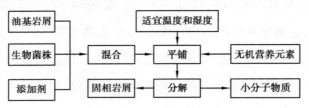

图 2.4　微生物处置油基岩屑工艺流程

2.2.5　固化填埋

固化填埋是基于无机或有机胶凝材料的物理化学阻滞作用,将油基岩屑与胶凝材料混合形成密实固化体后运至危废填埋场填埋的一种无害化处理方法。常见的固化方式有沥青固化、水泥固化、玻璃固化及塑料固化等。该方法处理成本低,操作简单,应用广泛。但是,固化填埋不仅占用大量土地,而且未从根本上消除污染源,存在二次污染的风险,仍需进一步开发油基岩屑资源化利用技术。

2.2.6　水泥窑协同处置

油基岩屑的固相成分中含有一定量 SiO_2 和 Al_2O_3,具备作为掺合料生产水泥的潜力。《水泥窑协同处置固体废物环境保护技术规范》(HJ 662—2013)和《水泥窑协同处置固体废物技术规范》(GB/T 30760—2014)对固体废物中重金属、硫、氟和氯的含量进行了严格限定。因油基岩屑中氯盐和油分含量高,在利用水泥窑协同处理前需进行脱油和水洗预处理。在水泥窑协同处置过程中(图2.5),油基岩屑中的挥发性重金属可在预热系统和窑系统中分离,难挥发的重金属90%被固化在熟料中。焚烧过程产生的酸性气体能与水泥熟料中的 CaO 反应生成盐类而被固定。同时,窑内高温和碱性的环境能促进有机污染物分解,遏制二噁英产生。

值得注意的是,油基岩屑中的重晶石在高温环境下分解产生 BaO 和 SO_3。BaO 会阻碍 $Ca_3Al_2O_6$、$4CaO \cdot Al_2O_3 \cdot Fe_2O_3$ 等吸收 f-CaO 生成硅酸盐矿物(C_2S,C_3S 等),且部分 BaO 与 Al_2O_3 和 SiO_2 形成共熔物 $BaAl_2Si_2O_8$,从而产生结块现象。SO_3 可能腐蚀生产设备和管道,降低生产设备的使用寿命。水泥窑协同处置是一种实现油基岩屑资源化利用的有效途径,但油基岩屑在水泥生产中添加比例需有效控制。

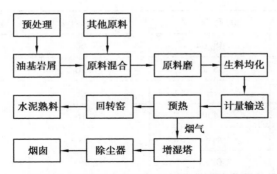

图 2.5 水泥窑协同处置油基岩屑工艺流程

2.3 页岩气油基岩屑基陶粒制备工艺

2.3.1 机械力化学法分散除油

1）主要原理

机械力化学法预处理油基岩屑的主要原理是：在机械力球磨作用下，助磨剂和油基岩屑发生有机物降解和氧化钙吸水反应，可降低油基岩屑的含水率和含油率，提升油基岩屑的分散性。机械力球磨和氧化钙吸水反应提升了混合物的温度，可进一步促进油类物质的降解。在使用机械力化学法降解有机污染物时，添加 CaO 能降解有机污染物和降低混合物含水率。添加 SiO_2 和 Al_2O_3 也能提高有机污染物的降解效率。固硫灰和粉煤灰的主要成分为 SiO_2 和 Al_2O_3，其与 CaO 配合具备作为机械力化学法预处理油基岩屑助磨剂的潜力。因此，提出以 CaO、CaO+固硫灰、CaO+粉煤灰分别作为助磨剂来考察其降解油基岩屑中有机污染物的可行性。油基岩屑、粉煤灰和固硫灰的主要化学成分见表2.1。

表 2.1 原料主要化学成分

成分	粉煤灰/wt%	固硫灰 wt%	油基岩屑 wt%
SiO_2	48.64	45.60	47.48
Al_2O_3	25.21	17.10	9.77
BaO	—	—	12.58
Fe_2O_3	14.05	15.16	3.14
CaO	4.84	9.64	12.93
MgO	0.23	0.98	2.63
SO_3	—	7.96	7.66
TiO_2	3.07	—	0.39
Na_2O	—	0.44	0.49
K_2O	2.12	—	2.30
其他	1.84	3.12	0.63

2）机械力化学法降解油基岩屑中石油类污染物的效果

将油基岩屑和助磨剂按比例混合后进行机械力球磨（掺比见表 2.2）。设置球磨时间为 5 h,转速为 600 r/min。油基岩屑的初始含油率在 20% 左右。经 5 h 球磨处理后,各样品组含油率降低为 0.927% ~ 4.660%。机械力化学法降解油基岩屑中石油类污染物的效果显著。机械力化学法降低油基岩屑含油率的主要机理如下:

①助磨剂的稀释作用。

②生石灰的吸水反应与物理球磨协同,改善了油基岩屑的分散性,促使油基岩屑与助磨剂充分接触,同时提升了整个体系的反应温度。

③在外加机械力和助磨剂的共同作用下,石油类污染物被降解。

机械力化学法预处理油基岩屑工艺简单、设备要求低、预处理效果好、助磨剂来源广泛(可用多元工业固废作助磨剂)、残渣资源化利用潜力高。

表 2.2　原料配比及残渣含油率

油基岩屑/g	CaO/g	固硫灰/g	粉煤灰/g	含油率/%
84	36	0	0	4.660
72	48	0	0	3.380
60	60	0	0	2.590
48	72	0	0	2.050
60	12	48	0	1.921
48	14.4	57.6	0	1.555
36	16.8	67.2	0	1.228
30	18	72	0	0.927
60	48	0	12	3.027
60	36	0	24	3.224
60	30	0	30	3.072
60	24	0	36	3.161

2.3.2　油基岩屑免烧陶粒的制备

1）油基岩屑免烧陶粒的制备原理及步骤

免烧陶粒主要原理是：首先以火山灰质工业废渣作助磨剂，通过机械力化学法降低油基岩屑的含油率，提升整个混合物料的分散性和化学反应活性；然后添加钠水玻璃制备无机黏结剂（火山灰质工业废渣与钠水玻璃反应生成地聚合物），通过造粒机造粒成型，养护即得免烧陶粒。

免烧陶粒的制备步骤如下：

①助磨剂与油基岩屑混合后装入球磨机中进行球磨预处理。

②将预处理后的混合物料与碱激发剂按比例混合后置于造粒机中造粒成型。

③取出成型的半成品免烧陶粒置于养护箱中养护。

④根据《轻集料及其试验方法　第 2 部分：轻集料试验法》（GB/T 17431.2—2010）测试陶粒的筒压强度、表观密度、堆积密度和吸水率等性能。

2）原料配比及水玻璃掺量对陶粒物理性能的影响

免烧陶粒的性能测试见表2.3。当高钙粉煤灰:油基岩屑的比例为4:6,水玻璃掺量为75 g时制备的免烧陶粒性能最优。当油基岩屑占比过大时,体系中重晶石含量高,会导致免烧陶粒密度增加。同时,粉煤灰占比过小,活性硅铝组分少,将降低陶粒中地聚合物凝胶的产生量。水玻璃的添加能有效地激发粉煤灰的潜在火山灰活性,促进水化反应的进行。生成的水化产物会填充陶粒内部的孔隙,提高致密度,降低吸水率,提高强度。当水玻璃的掺量过小时,体系中碱量过少,无法充分激发粉煤灰的火山灰活性,导致地聚合物反应无法充分进行。当水玻璃过量时,体系的碱与钙离子生成氢氧化钙,降低了陶粒的机械性能。

表2.3　原料掺量及免烧陶粒的物理性能

油基岩屑 /g	高钙粉煤灰 /g	水玻璃掺量 /g	表观密度 /（kg·m⁻³）	堆积密度 /（kg·m⁻³）	筒压强度 /MPa	吸水率 /%
		70	1 974.8	951.2	1.53	11.33
350	150	72.5	1 995.0	981.7	2.33	10.02
		75	1 924.0	918.8	1.68	11.27
		77.5	1 872.4	872.1	1.33	11.62
		70	1 894.3	830.7	1.98	10.92
300	200	72.5	1 944.3	858.2	2.90	10.52
		75	1 993.0	870.5	5.11	8.57
		77.5	1 902.8	842.1	3.58	9.33
		70	1 872.9	823.1	2.20	11.37
250	250	72.5	1 906.0	859.2	2.42	10.56
		75	1 924.9	885.7	3.18	10.05
		77.5	1 963.5	896.9	3.51	9.75
		70	1 826.9	813.0	1.09	10.94
200	300	72.5	1 841.6	841.8	1.98	10.47
		75	1 875.4	854.3	3.23	9.11
		77.5	1 895.1	897.1	4.05	8.98

3）免烧陶粒的微观结构与表观形貌

由图 2.6 和图 2.7 可知,陶粒微观形貌中未发现大颗粒惰性原料,这说明球磨能有效改善原料的粒径分布,提高混合料的分散性和反应活性。陶粒微观形貌中发现了少量粉煤灰玻璃微珠,可通过调整球磨参数(钢球级配、球料比、球磨转速等)进一步优化球磨效果。免烧陶粒呈灰色圆球状且粒径较大,可通过调整黏结剂参数(种类或配比等)和造粒机运行参数(倾角及转速等)来进一步优化陶粒尺寸。由于免烧陶粒中惰性原料较多,筒压强度和吸水率勉强满足《轻集料及其试验方法　第 2 部分:轻集料试验方法》(GB/T 17431.2—2010)密度等级为 900 的要求(筒压强度≥5 MPa,吸水率<10%),可通过进一步烧结来提升其机械性能和应用范围。

图 2.6　免烧陶粒的表观形貌图

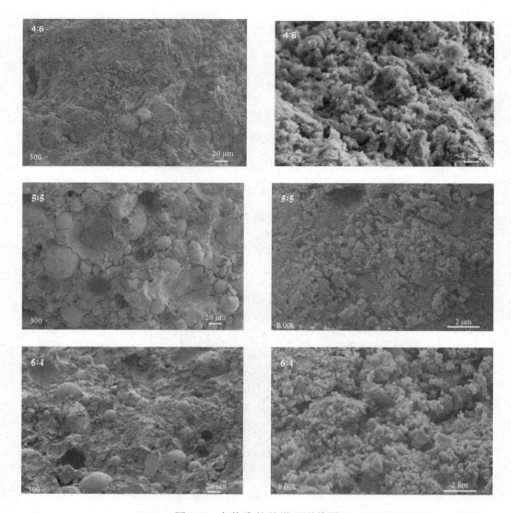

图 2.7　免烧陶粒的微观形貌图

4）免烧陶粒的矿物相分析

免烧陶粒样品中的主要结晶相是重晶石、石英和方解石（图 2.8）。重晶石和石英来自原料油基岩屑和粉煤灰。经球磨预处理后，免烧陶粒样品中重晶石和石英的衍射峰均明显降低。方解石的出现可能是由于在制备陶粒的过程中，混合物料发生了碳化。由机械球磨和碱激发剂的双重激发作用，高钙粉煤灰中的硅铝成分和钙源均参与了水化反应，生成了两种类型的无定形凝胶（地聚合物凝胶和 C-S-H 凝胶）。两种无定形凝胶的生成既有利于免烧陶粒成型，又可固化油基岩屑中的残余油分和其他有毒有害成分。

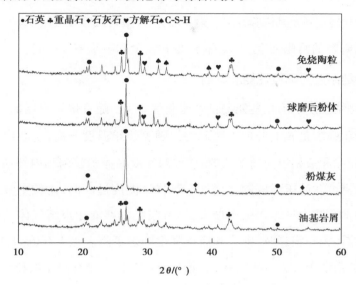

图 2.8　免烧陶粒及原料的物相分析图

2.3.3　油基岩屑烧结陶粒的原理及制备

1）油基岩屑烧结陶粒的制备原理及步骤

主要原理是：首先以火山灰质工业废渣作助磨剂，通过机械力化学法降低油基岩屑的含油率，提升整个混合物料的分散性和化学反应活性；然后添加有机或无机黏结剂送入造粒机造粒成球，料球经高温烧结即得烧结陶粒。

烧结陶粒的制备步骤如下：

①根据烧结陶粒用途，对原料组分进行调控（包括油基岩屑、助磨剂、发泡剂等）。

②将原料混合后装入球磨机中进行球磨预处理。

③将预处理后的混合物料与黏结剂按一定比例混合后置于造粒机中造粒成型。

④取出成型的半成品陶粒置于干燥箱中干燥。

⑤将干燥后的半成品陶粒置于烧结炉中高温烧结,冷却至室温后取出。

⑥根据《轻集料及其试验方法　第2部分:轻集料试验方法》(GB/T 17431.2—2010)测试陶粒的筒压强度、表观密度、堆积密度和吸水率等性能。

2）烧结温度对陶粒性能的影响

不同烧结温度下陶粒性能测试结果见表2.4。随着烧结温度的上升,陶粒的密度、筒压强度呈先上升后下降趋势。随着烧结温度升高,生坯内部物理化学结合水脱除和液相填充内部孔隙,导致陶粒成品体积收缩和内部结构致密度提升,陶粒密度和筒压强度随之增大。当烧结温度过高时,陶粒中液相黏度降低,同时内部孔隙中气体膨胀压增大,导致陶粒内部液相束缚气体的能力下降和内部孔隙体积膨胀,陶粒密度和筒压强度随之下降。在1 100～1 160 ℃时,烧结陶粒的密度等级为800或900。除1 100 ℃外,其余样品组陶粒均达到了高强陶粒的标准要求(强度分别≥6和6.5 MPa,吸水率<10%)。

表2.4　油基岩屑烧结陶粒的物理性能(不同烧结温度)

烧结温度 /℃	烧结时间 /min	表观密度 /(kg·m⁻³)	堆积密度 /(kg·m⁻³)	筒压强度 /MPa	吸水率 /%
1 100	30	1 797.5	817.0	5.84	10.04
1 115	30	1 905.7	883.2	10.00	5.61
1 130	30	1 936.1	898.1	11.48	4.09
1 145	30	1 873.9	850.2	8.58	3.77
1 160	30	1 754.4	790.0	7.08	1.68

如图2.9所示,与免烧陶粒相比,烧结陶粒表面出现黄色釉质层,主要是高温条件下陶粒表面生成了玻璃层且玻璃层中含有铁氧化物所致。随烧结温度升高,陶粒表面玻璃层更加光滑和致密化,导致陶粒吸水率下降(表面开孔转化为闭孔)。物相分析图谱(图2.10)显示,当烧结温度在1 100～1 160 ℃时,烧

结陶粒的主要物相为重晶石、辉石、透辉石、霞石、透长石、钙长石、正长石等。此外,部分重晶石发生分解生成了钡冰长石。与免烧陶粒相比,烧结陶粒中的物相从无定形的地聚合物或水泥凝胶相转变为玻璃相和陶瓷相。经高温烧结后,陶粒内部结构的致密化和物相转变是其机械强度大幅提升的主要原因。

图 2.9　油基岩屑烧结陶粒表观形貌图(不同烧结温度)

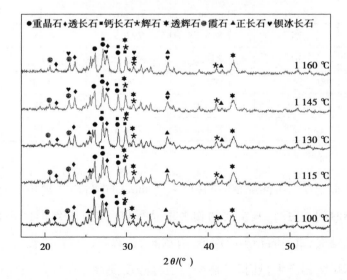

图 2.10　油基岩屑烧结陶粒的物相分析图谱(不同烧结温度)

3）烧结时间对陶粒性能的影响

固定烧结温度为 1 145 ℃,不同烧结时间下的陶粒性能测试结果见表2.5,表观形貌如图2.11 所示。随着烧结时间的增加,陶粒的密度和筒压强度先升后降,吸水率持续下降。烧结时间过短,陶粒生坯中无定型的地聚合物凝胶或C-S-H 凝胶未被完全破坏,其内部产生的液相量过少且内部孔隙未被充分填充,陶粒表面未形成明显的釉质层,因此陶粒的密度和筒压强度较低,吸水率高。烧结时间过长,陶粒中少部分重晶石开始分解且内部孔隙气体组分体积膨胀,但陶粒表面形成光滑致密的釉质层（玻璃层）,导致陶粒内部闭孔体积增大,降低了陶粒的密度。同时,陶粒表面的玻璃层软化导致陶粒之间相互黏结或发生形变,进一步影响了烧结陶粒的分散性和机械性能。当烧结时间超过 20 min时,陶粒性能达到了高强陶粒的标准要求（密度等级为 800 和 900 的陶粒筒压强度分别≥6 和 6.5 MPa,吸水率<10%）。

表2.5　不同烧结时间下油基岩屑烧结陶粒的物理性能

烧结温度 /℃	烧结时间 /min	表观密度 /(kg·m⁻³)	堆积密度 /(kg·m⁻³)	筒压强度 /MPa	吸水率 /%
1 145	15	1 815.7	793.5	4.98	10.5
1 145	20	1 849.2	816.0	6.65	8.5
1 145	25	1 904.4	876.0	10.9	4.17
1 145	30	1 853.9	850.2	8.58	3.77
1 145	35	1 831.3	784.8	7.13	2.27

如图2.12 所示,不同烧结时间（15～35 min）的陶粒,其物相组成存在一定差异。烧结时间过短时,其主要物相为重晶石和石英。烧结时间延长,石英的衍射峰逐渐消失,重晶石衍射峰降低,有透辉石、辉石、霞石、透长石、正长石、钡冰长石等新矿物相产生,且新矿物相衍射峰强度随烧结时间延长而逐渐增强。烧结时间既影响陶粒内部孔隙结构和物相组成,又影响陶粒表观形貌和陶粒的

分散性,是烧制高强度陶粒的关键参数之一。

图 2.11　油基岩屑烧结陶粒的表观形貌图(不同烧结时间)

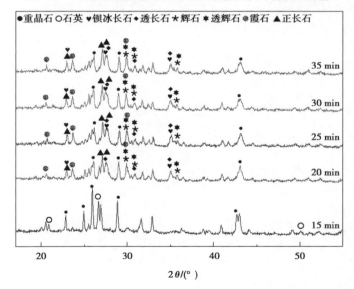

图 2.12　油基岩屑烧结陶粒的物相分析图谱(不同烧结时间)

2.4　本章小结

　　本章在详述西南地区页岩气油基钻井岩屑来源与危害特性的基础上，对热脱附、化学清洗、溶液萃取、微生物处理、固化填埋及水泥窑协同等传统油基岩屑处理技术的原理、工艺流程和优缺点等进行了系统介绍。针对当下处理技术存在的处理成本高、能耗大、周期长、吃屑量小等问题，重点介绍了机械力化学法除油及油基岩屑制备陶粒的方法，探讨了机械力化学法降解油基岩屑中石油类污染物的效果，并对油基岩屑制备免烧陶粒和烧结陶粒的工艺参数进行了分析。在利用机械力化学法和火山灰质工业废渣（作助磨剂）对油基岩屑进行降解除油的基础上，进一步将除油后的岩屑制备成免烧陶粒或烧结陶粒，既可减轻工业固体废物对环境的危害，又可实现工业固体废物的综合利用，具有显著的环境效益和应用前景。

第3章　无钙焙烧铬渣固化处理及资源化

3.1　无钙焙烧铬渣的来源及分类

目前,我国铬盐生产量及消费量均居世界第一。西南地区铬盐生产企业主要是四川银河建化、重庆民丰化工和云南陆良化工等。四川省安县银河建化有限公司是我国铬盐年产量最高的企业,以重铬酸钠、铬酸酐等铬盐系为主要产品。全球铬盐行业主要生产技术分为两大类:传统有钙焙烧工艺和无钙焙烧工艺。国内企业的铬盐生产已逐渐完成了由有钙焙烧工艺向无钙焙烧工艺的转变。

1)有钙焙烧工艺

有钙焙烧工艺(图 3.1)是将铬铁矿粉碎后,与纯碱、填料(主要成分为CaO)按比例混合,送入回转窑中进行氧化焙烧,使铬铁矿中的 Cr_2O_3 转化为铬酸钠(Na_2CrO_4),再经浸取、除铝、酸化、结晶干燥等工序获得重铬酸钠。浸取后的残渣即为铬渣,其产生量与铬铁矿的品位、填料、配比等紧密相关。有钙焙烧铬渣的有害成分主要为六价铬及其化合物,如水溶性铬酸钠、酸溶性铬酸钙等,质量占比为 1%~2%。尽管铬渣中的六价铬含量低,但六价铬具有强氧化性,易被人体吸收,可通过消化道、呼吸道、皮肤及黏膜侵入人体,引起鼻膜发炎、黏膜溃疡、支气管扩张,甚至癌变。

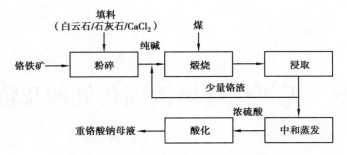

图 3.1　铬盐生产的有钙焙烧工艺

2）无钙焙烧工艺

无钙焙烧工艺（图 3.2）与有钙焙烧工艺最大的不同点在于钙质填料的弃用，是将含有镁铁矿和铬铁矿的粗渣作为填料，采用高强度连续自动化的浸、滤、洗设备，增加了浸渣分选、溶液脱钒两道工序。与有钙焙烧工艺相比，无钙焙烧工艺产渣量更少、铬转化率更高。无钙焙烧铬渣与有钙焙烧铬渣的物相对比见表 3.1。无钙焙烧铬渣中铬铁矿、镁铁矿、方镁石、铝硅酸镁钠均为晶相，无定形物为过冷状态的溶液即玻璃。中国工业和信息化部于 2012 年发布了《铬盐行业清洁生产实施计划》，提出了全面淘汰有钙焙烧落后生产工艺，推广无钙焙烧、铬铁碱溶氧化制铬酸钠技术、钾系亚熔盐液相氧化法等成熟清洁生产技术，尽可能减少铬渣产生量和降低铬渣毒性。尽管如此，无钙焙烧铬渣产生量仍然较大（0.65～1.0 t/t），直接堆存或填埋不仅会造成铬资源和土地资源的浪费，而且可能造成周边土壤、地表水和地下水污染。

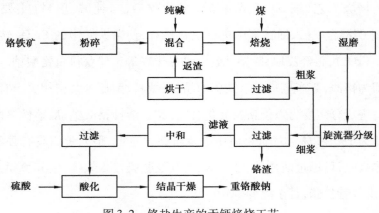

图 3.2　铬盐生产的无钙焙烧工艺

表 3.1 无钙焙烧铬渣与有钙焙烧铬渣物相对比

物 相	化学式	无钙焙烧铬渣	有钙焙烧铬渣
铬铁矿	$(Fe，Mg)Cr_2O_4$	有	有
镁铁矿	$(Mg)(Al，Fe)_2O_4$	有	无
方镁石	MgO	有	有
铝硅酸镁钠	$Na_4MgAl_2Si_3O_{12}$	有	无
无定形物	含 $Na，Si，Al，Mg，Fe$	有	无
铬酸钙	$CaCrO_4$	无	有
亚铬酸钙	$CaO \cdot Cr_2O_3$	无	有
硅酸二钙	$2CaO \cdot SiO_2$	无	有
硅酸三钙	$3CaO \cdot SiO_2$	无	有
二硅酸三钙	$3CaO \cdot 2SiO_2$	无	有
铁铝酸四钙	$4CaO \cdot Al_2O_3 \cdot Fe_2O_3$	无	有
铁酸二钙	$2CaO \cdot Fe_2O_3$	无	有
游离氧化钙	CaO	无	有

3.2 无钙焙烧铬渣处理处置技术现状

经过数十年的发展,无钙焙烧铬渣处理技术已较为成熟,通常可概括为干法解毒、湿法解毒、微生物法解毒及固化/稳定化技术等。目前,国内全行业无钙焙烧工艺的普及率较高。该工艺产生的无钙铬渣与有钙铬渣特性差异较大。因此,本节重点阐述无钙焙烧铬渣的处理处置技术。

3.2.1 无钙焙烧铬渣作返渣循环配料

无钙焙烧铬盐生产过程中,氧化焙烧熟料经浸出水溶性铬后,原料中铝、硅、铁、镁等杂质在浸出渣中富集。若无钙焙烧浸出渣不经分选直接返回作为焙烧填料,将造成焙烧炉料中硅、铝等杂质快速积累,而氧化焙烧炉料中硅含量升高将强化炉料中液相的产生,并降低铬的氧化速度和回收率。因此,无钙焙烧浸出渣经分选获得粗渣后再回到工艺中作为填料进行焙烧。粗渣的填料活性随贮存期的延长而提高,这是由于粗渣表面无定形物在水分和二氧化碳的作用下缓慢风化,形成了粒径更细活性更高的化合物。低铬高硅铝的微细粉尘更易脱离粗渣进入收尘室,导致了粗渣中硅铝含量进一步降低,作为返渣填料性能也更好。此外,粗渣经风化 5~8 个月后烘干作为填料,回转窑不易结圈和结瘤,可延长回转窑的稳定运行时间。

3.2.2　无钙焙烧铬渣干法解毒技术

铬渣回转窑干法解毒是一种较为成熟的技术。其核心是将铬渣和煤粉按比例混合后在高温氛围下发生还原反应,从而将六价铬还原为三价铬,经含有还原剂的水溶液水淬急冷,转变为稳定的三氧化二铬。其主要化学反应式为

$$2C+O_2 = 2CO \tag{3.1}$$

$$2Na_2CrO_4+3CO = 2NaCrO_2+Na_2CO_3+2CO_2 \tag{3.2}$$

$$4Na_2CrO_4+3C = 4NaCrO_2+2Na_2CO_3+CO_2 \tag{3.3}$$

铬渣回转窑干法解毒效果的主要影响因素包括温度、还原氛围、煤渣比、铬渣粒径及冷却方式等。《铬渣处理处置规范》(GB/T 31852—2015)对工艺控制条件给出了详细的指标。铬渣回转窑干法解毒技术可充分利用铬盐企业原有的回转窑设备,一次性投资少,处理成本相对较低,但回转窑窑尾内壁易黏附废料残渣,可能影响回转窑煅烧系统的正常运行。此外,回转窑内部长期处于负压和高度过氧状态,相对其他炉型其热效率较低,焚烧系统烟气量偏大,烟气处理系统负荷高,提升了整个系统运行成本。

火法冶炼回收铬铁也是一种典型的干法解毒技术。无钙焙烧渣通过与还原剂和黏合剂混合造块、烘干、熔炼、水浸等工序,可获得碳素铬铁。火法冶炼回收铬铁使用的还原剂以煤为主,黏结剂包括石英砂、硅石、氧化铝等,温度范

围为 1 300 ~ 1 500 ℃,铬回收率可达75%。机械力化学法处理铬渣属于狭义上的铬渣干法解毒技术。将铬渣与还原剂混合,通过机械力球磨减小颗粒尺寸从内芯中释放六价铬,提高固体物质的化学反应活性,使还原反应发生在固-固相内,从而达到还原解毒的效果。

3.2.3　无钙铬渣湿法解毒技术

无钙焙烧铬渣湿法解毒技术主要用于处理细渣。其基本原理是铬渣经热水溶解、pH 值调节、还原解毒(氯化亚铁、硫酸亚铁、二氧化硫等)、中和沉淀等步骤生成稳定的三价铬沉淀,如图 3.3 所示。其主要反应式为(以硫酸亚铁为还原剂为例)

$$Na_2CO_3 + H_2SO_4 = Na_2SO_4 + H_2O + CO_2 \tag{3.4}$$

$$Na_2Cr_2O_7 \cdot 2H_2O + 6FeSO_4 + 7H_2SO_4 = Cr_2(SO_4)_3 + 3Fe_2(SO_4)_3 + Na_2SO_4 + 9H_2O \tag{3.5}$$

$$Cr_2(SO_4)_3 + 3Fe_2(SO_4)_3 + 12Ca(OH)_2 = 2Cr(OH)_3 + 6Fe(OH)_3 + 12CaSO_4 \tag{3.6}$$

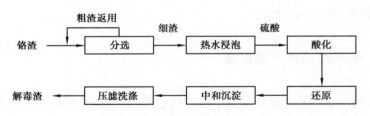

图 3.3　无钙焙烧铬渣湿法解毒工艺

湿法解毒工艺简单,设备要求低,解毒较彻底。但是,该工艺存在还原剂或沉淀剂消耗量较大、处理成本较高、最终解毒渣增容比大、进一步资源化难度大等缺陷。通过对铬渣进行球磨处理,再经硫酸浸出解毒处理,可进一步提升解毒效果。

3.2.4　无钙铬渣固化处理技术

铬渣的固化/稳定化一般是指水泥固化/稳定化。它主要包括以下程序：

①铬渣粉碎。

②铬渣粉碎后与还原剂充分混合。

③添加水泥和水拌和成泥浆。

④浇筑、养护、硬化。

水泥固化/稳定化由还原剂还原六价铬和水泥水化产物对有毒有害元素的物理化学固化两部分组成。与普通硅酸盐水泥相比，地聚合物具有低渗透性和高耐酸性，对重金属的固定效果突出，因而在铬渣固化方面具有更大潜力。偏高岭土（MK）基地聚合物与氯化亚铁可同步实现六价铬解毒和固化。零价铁同样也是较为有效、经济的还原剂，可用于六价铬的还原。无机胶凝材料固化工艺简单、设备要求低、处理效果好，但缺点明显：

①水泥用量大且需要进一步填埋处置，成本较高。

②固化体增容比大，填埋处置占用大量土地。

③后期资源化利用困难。

3.2.5　无钙铬渣微生物解毒

微生物法主要是通过特定微生物的代谢消耗六价铬，并将六价铬转化为无毒甚至有用材料的一种方法。在电镀含铬废水处理方面，我国已尝试用六价铬还原菌进行解毒处理，并取得了一定的效果。微生物法具有投资小、运行成本低、二次污染小等优点。微生物法的主要缺点是铬渣成分复杂且碱性强、缺乏细菌生长的营养基质不适合微生物生长繁殖，造成铬渣处理效率低，目前仍处于实验阶段。

3.3 高温自蔓延技术还原解毒固化处理铬渣

3.3.1 高温自蔓延技术处理铬渣基本原理

高温自蔓延技术是指在真空或介质气氛中引燃原料引发化学反应放热,使物料温度骤然升高引起新的化学反应,并蔓延至所有反应物的过程。高温自蔓延技术具有流程短、工艺简单、可就近处理、升温速度快等优点,在环保领域的应用已处于快速发展阶段。国内外学者对高温自蔓延技术在高放废物的固化及稳定化、有机污染物的控制等方面展开了研究,均取得了良好成效。高温自蔓延技术处理无钙焙烧铬渣的思路如下:以铝热反应或镁热反应作为理论基础,铬渣中高比例的高价态铁和铬元素可作为铝热反应的氧化剂,添加其他还原剂(单质铝粉、镁粉等)在外加热源的作用下引发铝热反应。以镁粉和铝粉作为还原剂,理想状态下主要自蔓延反应式为

$$Fe_2O_3 + 3Mg = 3MgO + 2Fe + Q_1 \tag{3.7}$$

$$Fe_2O_3 + 2Al = Al_2O_3 + 2Fe + Q_2 \tag{3.8}$$

假定在绝热条件下反应物 100% 按化学计量发生化学反应,故所放出的热量全部用于加热生成物。代入热力学数据,可计算反应所能达到的最高理论温度为

$$H_T^0 - H_{298}^0 = \int_{298}^{T_{tr}} C_p dT + \Delta H_{tr} + \int_{T_{tr}}^{T_M} C_p' dT + \Delta H_M + \int_{T_M}^{T_B} C_p'' dT + \Delta H_B + \int_{T_B}^{T} C_p''' dT$$

式中 C_p, C_p', C_p'', C_p''' ——反应物的低温固态、高温固态、液态及气态的摩尔热容,J/(mol·K);

T_{tr}——相变温度,K;

ΔH_{tr}——相变热;

T_M——熔点,K;

ΔH_M——熔化热；

T_B——沸点，K；

ΔH_B——蒸发热；

T_ad——绝热燃烧温度，K。

计算可知，未预热条件下：反应的热效应 $Q_1 = -978.80\ \mathrm{kJ}$，$Q_2 = -848.70\ \mathrm{kJ}$，$T_{\mathrm{ad}1} = 3\,148\ \mathrm{K}$（Mg 作还原剂），$T_{\mathrm{ad}2} = 3\,148\ \mathrm{K}$（Al 作还原剂）。众所周知，当 $T_\mathrm{ad} > 1\,800\ \mathrm{K}$ 时，系统的自蔓延反应才能自行维持，以上两种反应体系均可实现铬渣体系的自蔓延反应。同时，两种自蔓延反应体系反应绝热温度均高于 Al_2O_3（2 303 K），Fe（1 809 K），以及铬渣中多种矿物的熔点，可在反应过程中形成固溶体，有利于提高固化效果。

3.3.2　高温自蔓延技术固化处理铬渣的效果及燃烧反应特性

1）无钙焙烧铬渣基本特性分析

以国内某铬盐生产厂家为例，该企业无钙焙烧生产工艺以铬铁矿、返渣（即粗铬渣）和纯碱为生产原料。因此，铬渣中 Fe 和 Cr 含量较高而 Ca 含量极低（表3.2）。依据《固体废物腐蚀性测定　玻璃电极法》（GB/T 15555.12—1995）测得铬渣的 pH 值为 11.17。依据《固体废物　六价铬的测定　碱消解/火焰原子吸收分光光度法》（HJ 687—2014）和《危险废物鉴别标准　浸出毒性鉴别》（GB 5085.3—2007）中的《附录S　固体废物金属元素分析的样品前处理微波辅助酸消解法》对铬渣进行消解，用 AAS 进行分析，测得铬渣中六价铬含量高达 1 542 mg/kg，总铬含量高达 40 183 mg/kg，总铁高达 212 086 mg/kg。通过铬渣物相分析可知（图3.4），铬渣中主要物相为铬尖晶石 Zn（Co）Cr_2O_4 和铁尖晶石 Ni（Mg）Fe_2O_4。根据行业标准《固体废物　浸出毒性浸出方法　硫酸硝酸法》（HJ/T 299—2007）和《固体废物　浸出毒性浸出方法　醋酸缓冲溶液法》（HJ/T 300—2007）对铬渣展开毒性浸出分析。结果表明，铬渣原样浸出液中六价铬浓度远高于国家危险废物浸出毒性鉴别标准值(GB 5085.3—2007,5.00 mg/L)。

表 3.2　铬渣的化学组成

成分	Al_2O_3	Fe_2O_3	Cr_2O_3	MgO	Na_2O	SiO_2	TiO_2	ZnO	其他
含量	11.18	51.00	12.80	11.72	6.65	4.74	1.12	0.15	0.64

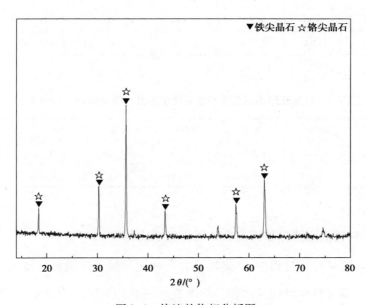

图 3.4　铬渣的物相分析图

2)铬渣掺量对高温自蔓延技术处理效果的影响

依据《固体废物　浸出毒性浸出方法　醋酸缓冲溶液法》(HJ/T 300—2007)对前述两种固相自蔓延燃烧产物(铝热反应体系和镁热反体系)进行浸出毒性分析。经高温自蔓延反应处理后,自蔓延产物浸出毒性与原铬渣相比大大降低。当镁热体系铬渣掺量不超过 85%、铝热体系铬渣掺量不超过 80% 时,总铬和六价铬浓度均低于《危险废物鉴别标准　浸出毒性鉴别》(GB 5085.3—2007)限值(15.00 mg/L,5.00 mg/L),可以实现铬渣的高效无害化。按 HJ/T 300—2007 制备的固体废物浸出液总铬浓度不超过 4.5 mg/L、六价铬浓度(表 3.3 和表 3.4)不超过 1.5 mg/L 时,固体废物可进入符合《生活垃圾填埋场污染控制标准》（GB 16889—2008）的生活垃圾填埋场。当镁热体系铬渣添加量不超过 85%、铝热体系铬渣添加量不超过 80% 时，均满足上述标准要求，铬渣自蔓延产物均可进入符合 GB 16889 生活垃圾填埋场。

表 3.3　自蔓延产物醋酸缓冲溶液法浸出液总铬浓度/（mg·L^{-1}）

编号	40%	50%	60%	70%	80%	85%
镁热体系	0.068	0.223	0.824	0.276	0.103	0.593
铝热体系	1.474	1.486	2.219	2.112	4.115	—

表 3.4　自蔓延产物醋酸缓冲溶液法浸出液六价铬浓度/（mg·L^{-1}）

编号	40%	50%	60%	70%	80%	85%
镁热体系	未检出	未检出	未检出	未检出	未检出	未检出
铝热体系	未检出	未检出	未检出	1.11	未检出	—

3）两种铬渣高温自蔓延反应体系固相燃烧特性

高温自蔓延反应过程中，燃烧波沿着产物区、燃烧区、预热区及未反应区的方向蔓延。高温自蔓延反应过程与纤维素棒阴燃的反应过程类似，但反应速度更快，放出热量更多，控制难度更大。当铬渣添加量较低时（还原剂过量），既存在铬渣（高价态的铬、铁元素）与还原剂（铝粉和镁粉）的固相燃烧反应，又存在还原剂（铝粉和镁粉）与氧气的固气两相燃烧反应。此时，氧化还原反应原料充足，燃烧反应更充分，反应速度快，放热量高。当铬渣掺量较高时，燃烧反应以铬渣与还原剂的固相反应为主。此时，还原剂不足，无法满足铬渣中高价态铬、铁元素充分参与燃烧反应的需要，燃烧反应放热量和放热速度明显下降，甚至存在燃烧反应难以维持蔓延的风险。研究不同铬渣添加量最高燃烧温度和燃烧波传播速率的变化规律，可为该技术工程应用过程中的余热回收、反应过程控制、反应装置设计及安全设施设备设计提供参考。

3.3.3　铬渣还原解毒固化机制

1）物相分析

由铬渣及自蔓延产物的物相分析谱图（图 3.5）可知，铬渣的主要矿物组成是铬铁矿和氧化铁。在未预热条件下，Mg-Fe_2O_3 和 Al-Fe_2O_3 两种自蔓延反应体系反应绝热温度均为 3148 K，但实际反应条件并非绝热环境，且铬渣中无法参与自蔓延反应的杂质成分含量高，两体系反应温度不同且远低于实际设计的绝热燃烧温度 T_{ad}。铬渣添加量为 60% 和 70% 时，镁热反应体系反应产物中矿物相组成主要为 MgO，$TiFe$，$Cr_{0.5}Ti_{0.5}N$。铬渣添加量为 80% 和 85% 时，镁热反应体系反应产物中主要生成了 $MgAl_2O_4$ 尖晶石、$MgAlCrO_4$ 尖晶石，说明部分铬元素以三价形式参与新矿物形成，进入了矿物的晶格中，实现了对铬元素的化学固化。

镁热反应体系反应产物中的主要矿物为 $MgAl_2O_4$ 和 $NiAl_2O_4$ 尖晶石，为氧化物在高温条件下反应生成。图谱中未见明显铬矿物特征衍射峰，推测铬元素可能以非晶形式弥散分布于自蔓延产物中。当铬渣添加量为 70% 和 80% 时，自蔓延产物中除尖晶石外还出现了 Fe_3O_4。Fe_3O_4 的生成表明空气中的氧气作为氧化剂参与了自蔓延反应。

2）形貌分析

如图 3.6 所示为铬渣及自蔓延产物的微观形貌图。铬渣是铬铁矿、纯碱和返渣混料高温煅烧后的尾渣，主要由残留的铬铁矿颗粒及圆球松散堆积组成，表面粗糙且不规则。由镁热反应体系反应产物微观形貌图可知，铬渣中原先结构松散的不规则颗粒物参与了自蔓延反应并部分熔融。自蔓延产物中 MgO 熔点很高，导致整个反应产物并未形成完全密实固熔体。

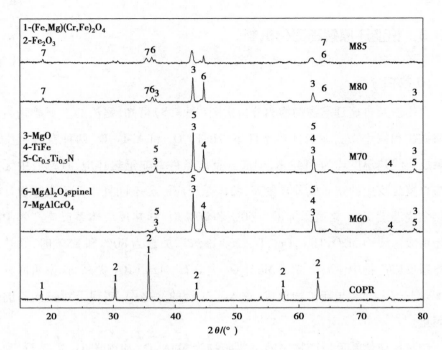

（a）镁热体系

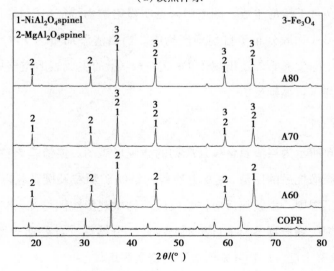

（b）铝热体系

图 3.5　铬渣及自蔓延产物的物相分析谱图

（a）镁热体系 60% 铬渣

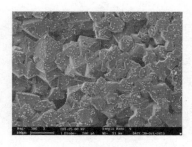

（b）铝热体系 60% 铬渣

（c）镁热体系 70% 铬渣

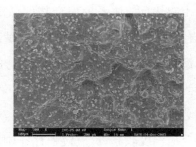

（d）铝热体系 70% 铬渣

（e）镁热体系 80% 铬渣

（f）铝热体系 80% 铬渣

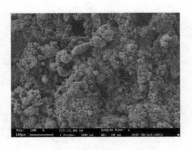 

（g）镁热体系85%铬渣　　　　　　　　　（h）铬渣原样

图3.6　铬渣及自蔓延产物的微观形貌图

由铝热反应体系反应产物的微观形貌图可知，该体系中反应物料完全熔融，自蔓延物更为密实。这主要是因铝热反应中氧化产物（Al_2O_3）的熔点远低于镁热反应中的氧化产物（MgO），使其在自蔓延反应中完全熔融。当铬渣添加量为60%时，自蔓延产物熔融后冷却凝结成互相粘连的块体，产物中尖晶石形状分明，晶界清晰；铬渣添加量为70%和80%时，自蔓延产物呈完整块体；自蔓延反应温度较高，反应过程存在剧烈喷溅现象，产物表面冷凝形成较多球状颗粒。铬元素在高温自蔓延反应过程中参与了新矿物的形成，同时高温熔融物迅速冷却形成密实的固化体，实现了铬元素的稳定化。

3）还原解毒固化机制总结

高温自蔓延技术对铬渣无害化处理机制可概括为以下4个方面：

（1）稀释作用

铬渣处置过程中添加了其他反应物，因此燃烧产物中铬元素含量降低。但是，稀释作用并非导致其浓度降低的主要原因。

（2）还原作用

六价铬具有强氧化性，与外加的镁粉/铝粉在高温条件下发生氧化还原反应，降低了反应产物中六价铬含量。

（3）化学固定作用

当相互取代的两种质点（原子、离子或分子）价态相同，两种质点半径差值不超过较小质点的15%，即$(r_1-r_2)/r_2<15\%$时，两种质点就可在晶体结构中相

互代替。因此,在高温自蔓延反应条件下,铬元素以替位方式参与新矿物形成的可能性很大,同时也可能以填隙方式进入矿物晶格中。

(4)物理包裹作用

自蔓延反应体系反应温度极高,体系中低熔点物质在燃烧过程中熔融并在极短的时间内形成密实的固熔体,将有毒有害物质包裹其中,使铬元素迁移扩散难度加大。

3.4　本章小结

本章首先介绍了无钙焙烧铬渣的来源及特性,然后简述了国内外的无害化和资源化利用技术,并重点介绍了基于高温自蔓延技术处理铬渣的研究思路和研究结论。无钙焙烧铬渣中铁和铬元素含量较高,具有一定的资源回收价值。后续研究工作中可考虑采用选矿方法分离回收铬渣中的铁,并基于镁热反应和热压烧结技术进一步制备耐火材料(镁铬砖)。

第4章 生活垃圾焚烧飞灰处理及资源化

4.1 生活垃圾焚烧飞灰的来源与特性

4.1.1 生活垃圾焚烧飞灰的来源

据《中国统计年鉴》统计,2020 年我国共清运了 23 511.7 万 t 城市生活垃圾,且现存 1 287 座无害化处理厂,其中包括 644 座无害化卫生填埋处理厂,463 座生活垃圾焚烧厂及 180 座其他类型的无害化生活垃圾处理厂,每日处理生活垃圾可达 96.346 万 t。目前,城市生活垃圾处理方法主要采用卫生填埋法、焚烧法、堆肥法。其中,焚烧法处理城市生活垃圾不仅具有减量化、资源化、无害化处理彻底的优点,其产生的热能或电能还可创造经济效益。生活垃圾焚烧工艺流程如图 4.1 所示。

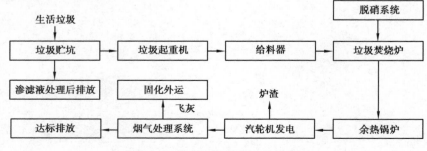

图 4.1 生活垃圾焚烧工艺流程

城市生活垃圾经焚烧削减后,在热回收系统、烟气净化系统以及烟囱底部会产生大量的焚烧飞灰,占焚烧垃圾量的 3% ~ 5% 。生活垃圾焚烧飞灰(简称"飞灰")是灰白色或深灰色的细小颗粒物(粒径分布通常在 1 ~ 150 μm),比表面积较大(3 ~ 18 m^2/g),含有众多有害重金属和二噁英等持久性有机污染物,具有吸湿性、飞扬性、腐蚀性以及毒性,被列入了《国家危险废物名录(2021 年版)》,需进行安全处置。

4.1.2　生活垃圾焚烧飞灰的特性

1)化学成分

飞灰化学成分取决于生活垃圾组分及焚烧工艺,主要包括 CaO,SiO_2,Al_2O_3,MgO,K_2O,Na_2O,Fe_2O_3 等(X 射线荧光光谱分析)。飞灰的主要化学成分与水泥、玻璃和陶瓷等无机建材的部分原料成分相似,使其具备建材化利用的潜力。

2)产生量巨大

2019 年,我国生活垃圾卫生填埋处理量达 1.09 亿 t。同年,生活垃圾焚烧处理量达 1.22 亿 t,焚烧处理率达 50.8% ,产生焚烧飞灰 366 万 ~ 610 万 t。另据《中国生态环境统计年报》统计,2019 年我国各类危险废物产生总量为8 126 万 t。飞灰在我国危险废物中占比较大,其安全管理与处置意义重大。

3)腐蚀性和毒性

飞灰中石灰含量高(源自垃圾焚烧过程中烟气石灰乳吸收环节),腐蚀性强,且含有二噁英,以及 Zn,Pb,Cu,Cd,Cr 等重金属,是具有腐蚀性和毒性的危险废物。同时,飞灰中挥发性氯盐含量较高,在高温处置时存在腐蚀和堵塞设备或管道的风险。

4.2 生活垃圾焚烧飞灰无害化与资源化技术现状

为解决生活垃圾焚烧飞灰堆存处置或资源化利用过程中可能存在的环境、健康与安全风险,国内外学者开展了一系列飞灰无害化与资源化处理技术研究。当前,飞灰无害化和资源化处理技术主要包括固化/稳定化技术、热处理技术和重金属提取技术等。

4.2.1 固化/稳定化技术

固化/稳定化技术是国际上处理有毒废物的主要方法之一。自20世纪80年代以来,该技术得到了迅猛发展。现行的固化/稳定化方法主要有水泥固化、沥青固化、化学药剂稳定化等。其中,较普遍的是采用普通硅酸盐水泥固化飞灰。

1）水泥固化

水泥固化/稳定化是一种成熟稳定、成本效益高以及固化性能好的飞灰无害化处理技术。该技术将水泥用作飞灰固化剂,通过物理化学吸附、化学沉淀和物理固封等作用实现固化/稳定化。水泥固化剂能有效固定焚烧飞灰中的重金属,显著降低重金属浸出浓度,但重金属的浸出风险仍然存在。由于飞灰中含有大量氯化物、硫酸盐和石灰,水泥固化过程中可能出现凝结时间延长、固化体机械强度低等问题。水泥固化并未实现飞灰的资源化,其固化体堆存处置仍然要占用大量土地,导致该技术在工程实践中未规模化应用。

2）沥青固化

沥青固化是一种将沥青与飞灰在一定温度、配料比、碱度等条件下混合搅拌使飞灰均匀地分散在沥青中实现固化的技术。沥青固化飞灰有两种方式:一是飞灰与高温熔融状态下的沥青混合、包覆、冷却后形成沥青固化体;二是飞灰与乳化沥青经包覆、破乳、脱水后形成沥青固化体。与水泥固化相比,沥青固化工艺简单,固化体性能稳定,有毒组分浸出率低。飞灰作为沥青掺和料,可提高其路面承载力和抗冻融性能,在沥青路面工程中具有潜在的应用前景。

3)化学药剂稳定化

化学药剂稳定化是指飞灰中重金属与化学药剂发生化学反应,减少重金属离子的浸出,从而实现重金属的稳定化。该工艺所用药剂分为无机和有机试剂,固化效果稳定,产物增容比较低。无机药剂主要包括磷酸盐、硅酸盐、硫化物等。磷酸盐来源广泛,可有效固定重金属锌、铅和铜等。硅酸盐与水泥固化的原理类似,能产生 C-S-H 凝胶来固定重金属,对重金属具有良好的固定效果。有机药剂主要包括二硫代甘醇酸(TGA)、吡咯烷、亚胺、氨基甲酸酯及硫醇等。不同化学药剂对不同重金属的稳定化能力是不同的,同时酸性环境可能对不同化学药剂的稳定化效果带来不利影响(尤其是针对有机化学药剂),具体情况见表 4.1 和表 4.2。

表 4.1　不同化学稳定剂对中性浸出液中稳定化飞灰重金属浸出的影响

化学稳定方法		浸出能力					
		Cd	Cr	Cu	Ni	Pb	Zn
无机药剂	磷酸盐	−	+	−	−	−	−
	硅酸盐	—	—	−	−	−	−
	硫化物	−	+	+	−	−	−
	氧化铁	−	+	−	−	−	−
有机药剂	硫脲	−	−	−	−	−	—
	二硫代氨基甲酸盐	−	+	−	−	−	−
	六硫代胍基甲酸	−	−	−	−	−	−
	四硫代双羧酸	−	−	−	−	−	−

注:"−"表示浸出能力受到抑制;"+"表示浸出能力受到促进;"—"表示没有研究浸出能力。

表 4.2　不同化学稳定剂对酸性浸出液中稳定化飞灰重金属浸出的影响

化学稳定方法		浸出能力					
		Cd	Cr	Cu	Ni	Pb	Zn
无机药剂	磷酸盐	−	−	+	+	+	−
	硅酸盐	—	—	−	—	−	−
	硫化物	—	—	—	—	+	—
	氧化铁	—	—	—	—	—	—
有机药剂	硫脲	—	—	—	—	—	—
	二硫代氨基甲酸盐	−	+	−	+	+	+
	六硫代胍基甲酸	+	+	−	+	+	+
	四硫代双羧酸	+	+	+	+	+	+

注："−"表示浸出能力受到抑制；"+"表示浸出能力受到促进；"—"表示没有研究浸出能力。

4.2.2　热处理技术

生活垃圾焚烧飞灰的热处理技术主要包括烧结、熔融/玻璃化和水泥窑协同处置。热处理技术是指将飞灰暴露在高温下,使焚烧飞灰转化为稳定无害的物质。经热处理后,飞灰中的二噁英、呋喃等有机污染物被分解,不可挥发的重金属将被密封在玻璃渣或水泥水化产物中。热处理焚烧飞灰能显著降低重金属浸出毒性,还可形成高附加值的建材产品或原料。

1）烧结制陶粒

烧结陶粒是一种常见的轻质骨料,由基性斜长石、堇青石、紫苏辉石及玻璃相等构成。焚烧飞灰含有 SiO_2,Al_2O_3,Fe_2O_3 等成分,具有制备陶粒的潜力。烧结温度通常在 900～1 200 ℃。烧结大致分为两步:第一步是将飞灰加热到颗粒结合的状态,飞灰中的化学相进行重新组织;第二步是飞灰从小颗粒态聚集成一个较大的凝聚体。烧结陶粒中的重金属锌、铬、铅及铜主要以氧化物的形式存在,大部分重金属的浸出浓度均低于国家标准。利用飞灰制备烧结陶粒不仅能固定其中的有毒重金属,还能高温分解飞灰中的持久性有机污染物。生活垃圾焚烧飞灰中重金属元素和易溶盐类物质不仅能被稳定地固化到陶粒的硅铝网络玻璃体中,还能在黏土熔化阶段起到助熔作用,达到降低烧成温度、提高成品率的目的。

2)熔融/玻璃化

与烧结工艺相比,焚烧飞灰的熔融/玻璃化需要更高的加工温度(通常为 1 100 ~ 1 500 ℃)。熔融/玻璃化技术源于冶金工业,通常利用化石燃料或电力来熔融/玻璃化材料。在熔融过程中,焚烧飞灰的有机部分被分解,而无机部分被转化为玻璃渣。熔融和玻璃化的区别在于后者需要掺入添加剂或其他固体废物来形成均匀的液相材料,然后经冷却形成无定形的玻璃相。焚烧飞灰熔融机理如图 4.2 所示。

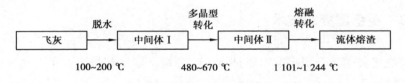

图 4.2　焚烧飞灰熔融机理

熔融/玻璃化主要包括燃料燃烧熔融/玻璃化和电熔融/玻璃化。燃料燃烧营造的高温环境有利于飞灰中的二噁英及其同系物的分解,特别当温度达到 1 400 ℃时,二噁英将完全分解。与燃料燃烧方法相比,飞灰的电熔融/玻璃化对电能需求大,更适合于产生大量电力的燃煤发电厂。在电熔融/玻璃化技术领域中,等离子体技术备受关注。等离子体火焰具有较高温度和高能量密度,对熔融/玻璃化反应有促进作用。经过等离子体熔融/玻璃化处理后,焚烧飞灰的体积和质量将分别减少60.0% ~82.2%和10.0% ~56.7%。同时,当飞灰通过等离子体产生的电子或离子流时,飞灰颗粒表面会发生显著的机械损伤,二噁英将被有效分解。但是,该技术能源消耗高,设备投资大,且固定重金属的能力较差。

3）水泥窑协同处置

水泥窑协同处置是利用水泥回转窑在高温煅烧水泥熟料时焚烧处置危险废弃物的技术。该技术既能充分利用飞灰中的无机成分替代部分常规原料生产水泥熟料，同时还能将飞灰中的有毒有害重金属固定到熟料中并高温分解持久性有机污染物。水泥窑协同处置焚烧飞灰具有焚烧温度高、焚烧停留时间长、焚烧状态稳定、有机污染物分解彻底、固化重金属效果好等优点。但是，飞灰中高含量的无机盐可能腐蚀回转窑及相关设备，并对水泥制品的性能带来负面影响。北京金隅集团提出了一项由多种处置工艺设备组成的水泥窑协同处置城市固体废物的技术。该技术实现了固废处理与水泥熟料生产无缝衔接，充分利用垃圾焚烧技术和新型干法水泥烧成系统的高温，对城乡生活垃圾及综合固废进行无害化处理，并将剩余的残渣作为原料用于烧成水泥熟料，实现了固体废物的无害化、减量化和资源化。

4.2.3　重金属提取技术

焚烧飞灰中重金属提取主要是将大部分重金属从焚烧飞灰中分离出来，实现重金属回收，同时降低飞灰毒性，拓展其资源化利用范围。飞灰中重金属的提取方法主要包括酸碱浸提法、生物浸提法、螯合剂浸提法、电渗析提取法等。

1）酸碱浸提法

各种湿法冶金工艺都常被用于焚烧飞灰中重金属的提取。在酸性条件下，飞灰中重金属的浸出特性得到了改善，尤其是以阳离子形式存在的重金属，如铜、锌、镉及铅等。酸性浸提法使用的酸包括无机酸（如盐酸、硫酸和硝酸）和有机酸（如甲酸、乙酸、乳酸和草酸），且有机酸对重金属的浸出效果不如无机酸。飞灰中以含氧阴离子形式存在的重金属（如铬和钼），在碱性环境中很容易被去除，用于浸出的碱有 NaOH、KOH 和氨水等。

2）生物浸提法

生物浸提法常用的微生物包括细菌和真菌，主要通过微生物氧化还原反应形成有机酸或无机酸及释放配合物。自养硫杆菌和异养黑曲霉等可促进重金属提取。自养硫杆菌有耐酸性,可从溶液中的 Fe^{2+} 和 S^{2-} 获得能量。异养黑曲霉具有产生多种有机酸的潜力,这些有机酸能促进金属的溶解。通过生物浸提法能有效浸出飞灰中的镁和锌(浸出率>90%)、铝和锰(浸出率>85%)、铬(浸出率>65%)、镓(浸出率>60%)、铈(浸出率>50%)。

3）螯合剂浸提法

螯合剂浸提法是一种利用螯合剂与焚烧飞灰中金属反应生成可溶性配合物从而实现金属分离回收的技术。螯合剂主要有 NTA,EDTA,DTPA 等。国内学者利用盐酸、NTA、EDTA 和 DTPA 分别浸提了不同类型飞灰的重金属。结果表明,盐酸浸提重金属依赖于酸碱度,随着酸性增强其浸提能力增强,而螯合剂的浸提能力几乎与酸碱度无关。同时,发现 NTA 能有效浸提铬、铜和锌,但对铅的浸提效果不佳,这可能是由于 $Pb(NTA)_2^{4-}$ 络合物的再吸附导致。

4）电渗析提取法

电渗析提取法最先用于污染土壤的修复项目,后来研究人员发现此技术能对垃圾焚烧飞灰进行有效处理。电渗析分离(EDS)或电渗析修复(EDR)的原理是将飞灰加入电渗析室的溶液中,在"浓缩室"中积累后去除或通过施加电场,使金属离子受电场力向电极迁移从而从飞灰中分离。通过电渗析分离技术能有效去除铜、汞、锌等重金属,但其工业化应用鲜见报道。

4.2.4　焚烧飞灰无害化处理技术优缺点

焚烧飞灰无害化处理技术优缺点见表4.3。

表 4.3　焚烧飞灰无害化处理技术优缺点

无害化处理方法		重金属稳定与去除	二噁英稳定与去除	优　点	缺　点
固化稳定化	水泥固化	除了金属汞,大多数重金属都可固化在水泥 C-S-H 凝胶中;固化产物中的重金属在酸性环境下容易浸出	二噁英在水泥产品中不分解	固化材料廉价易得,工艺操作简单	飞灰掺量过大时,固化体易体积膨胀
	沥青固化	重金属固化能力强	二噁英固化效果不佳,在沥青高温固化过程中能分解二噁英	固化体空隙小,致密度高,难于被水浸透,抗浸出性极高	废物含水量较高时,容易浸出有害物质
	药剂稳定化	不同化学试剂,选择性不同	化学试剂去除二噁英的效果不佳	可将重金属转化为可溶性或毒性较低的形式	无法利用一种化学试剂去除所有重金属;重金属在酸性条件下不稳定
热处理	烧结	部分重金属易挥发	二噁英可在相对较低的烧结温度下从飞灰转变为烟气	工作温度低、节约能源;烧结产品可制备玻璃陶瓷	固定重金属和分解二噁英的效果不佳
	熔融/玻璃化	重金属的固化效果良好	二噁英可在高熔化/玻璃化温度下分解	分解二噁英;玻璃化产品具有建材化潜力	能耗高和设备投资大;操作难度大
	水泥窑协同处置	对重金属固定效果良好,能实现飞灰彻底无害化	二噁英可在处置过程中的高温度下分解	高温环境避免了废气中二噁英易再次合成;飞灰处理量较大	飞灰中的无机盐对水泥性能有负面影响

续表

无害化处理方法		重金属稳定与去除	二噁英稳定与去除	优 点	缺 点
重金属提取	酸碱浸提	酸性条件对重金属的浸提效果最佳	二噁英的研究不够深入	有助于特定重金属的浸出和回收	分离过程产生大量强酸废水
	生物浸提	对重金属浸提能力较强	二噁英的研究不够深入	对环境危害小,不会产生二次污染	需要长时间进行分离;微生物驯化条件苛刻
	螯合剂浸提	对重金属的去除能力较强	二噁英的研究不够深入	浸提重金属效果良好;螯合剂廉价易得	浸提剂可能污染环境
	电渗析提取	铜、汞、锌重金属的去除能力较强	二噁英的研究不够深入	设备操作简单;特定的重金属去除效果极佳;二次污染较小	有机污染物去除率低;处理能力较小

4.3 多元固废碱矿渣水泥制备与利用

4.3.1 多元固废碱矿渣水泥制备

循环流化床燃煤固硫灰(简称固硫灰)的主要物相组成包括无定形的硅铝、硬石膏、游离氧化钙及赤铁矿等。垃圾焚烧飞灰的主要物相组成包括无定形的硅铝、生石灰和熟石灰等。固硫灰和飞灰复合体系与传统硅酸盐水泥的成分类似,具有制备碱矿渣水泥的潜力。但是,固硫灰中硬石膏、无定型的硅铝成分化学反应活性较低,若直接用于制备碱矿渣水泥或作水泥掺和料,可能导致水泥水化反应程度和速率低,水泥制品后期膨胀开裂,需进行活化预处理。因此,提出在不经其他预处理和不添加任何胶凝材料情况下,对固硫灰和飞灰复合体系进行机械力化学球磨。机械力球磨不仅能有效降解飞灰中二噁英等持久性有机污染物,还可充分活化复合体系中的硬石膏、石灰和硅铝成分等。球磨后混合物料在水化过程中生成的 C-S-H 凝胶和其他水化产物能以物理包裹和物理化学吸附的形式对飞灰中的重金属进行固化/稳定化,从而实现多元固体废物的无害化和资源化。

碱矿渣水泥净浆样品具体制备过程如下:将烘干后的固硫灰和飞灰以一定比例混合后进行机械力球磨(飞灰与固硫灰的掺比见表 4.4);将球磨后的混合料与水以一定比例搅拌后浇筑。浇筑成型后,在标准养护条件下继续养护至规定龄期。

表 4.4　飞灰与固硫灰的掺比

固硫灰/wt%	飞灰/wt%
60	40
50	50
40	60
30	70
20	80

4.3.2　多元固废基碱矿渣水泥的性能研究

1）多元固废基碱矿渣水泥的抗压强度分析

（1）球磨转速对碱矿渣水泥抗压强度的影响

随着球磨转速增大(飞灰掺比 40%,球磨时间 2 h),碱矿渣水泥净浆试样抗压强度逐渐升高(图 4.3)。球磨转速越大,罐内样品与钢球之间的机械冲击、碰撞、挤压、剪切及搓擦作用越剧烈。高转速球磨处理导致整个体系温度升高,混合样品粒径变小,比表面积增大,反应势垒降低,化学反应活性大大提升。同时,在水化过程中,飞灰中 $Ca(OH)_2$ 通过碱激发作用可加速体系中活性硅铝成分溶出,形成低聚合度的硅氧四面体,进一步促进整个体系水化反应进行,有利于碱矿渣水泥净浆试样抗压强度的发展。

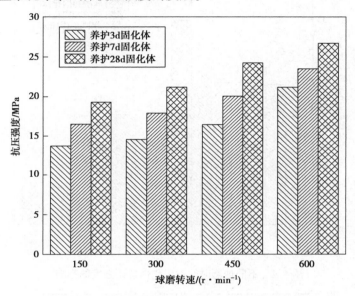

图 4.3　不同球磨转速对固化体抗压强度的影响

（2）球磨时间对碱矿渣水泥净浆试样抗压强度的影响

随着球磨时间增加（飞灰掺比 40%,球磨转速 600 r/min）,碱矿渣水泥净浆抗压强度先升高后随之降低（图 4.4）。机械力化学活化可使多元固废混合体系样品颗粒粒径减小,比表面积增大,硅氧和铝氧键断裂,化学反应活性提升。当球磨时间超过 5 h 时,混合样品内部裂纹和空隙被压实,出现团聚现象,影响反应体系的水化速率和机械强度发展。

（3）飞灰掺比对碱矿渣水泥净浆试样抗压强度的影响

当掺比为 50% 时,碱矿渣水泥净浆试样抗压强度达到最大,养护 28 d 和 56 d 时,分别达到 35.2 MPa 和 36.8 MPa（图 4.5）。养护时间为 28 d 和 56 d 时的抗压强度差距不大,表明 28 d 后体系水化反应基本完成并保持稳定。当掺比超过60%时,试样养护28 d和56 d后抗压强度分别下降至5.6 MPa和17.8 MPa。当飞灰掺比达到70%时,反应体系中活性硅铝含量显著降低,生石膏和熟石灰含量过高,导致碱矿渣水泥净浆试样出现膨胀开裂。

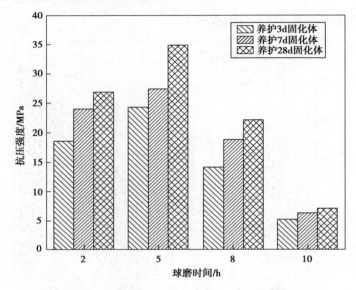

图4.4 不同球磨时间对固化体抗压强度的影响

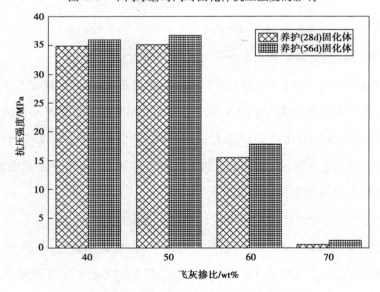

图4.5 飞灰掺比对固化体抗压强度的影响

2）多元固废碱矿渣水泥净浆试样的浸出毒性分析

采用原子吸收光谱仪测试飞灰及养护 28 d 和 56 d 后碱矿渣水泥净浆试样浸出液中的 Zn,Pb,Cu,Cd,Cr 等浓度。由表 4.5 可知,原飞灰中 Zn 和 Cd 浸出浓度分别为 107.016 1 mg/L 和 5.191 4 mg/L,均高于《危险废物鉴别标准　浸出毒性鉴别》(GB 5085.3—2007)规定的 100 mg/L 和 1 mg/L 限值。随着飞灰掺比的增大,多元固废碱矿渣水泥净浆试样浸出液中重金属离子浓度随之增大。随着养护时间的延长,浸出液中重金属离子浓度略微降低,结果均远低于《危险废物鉴别标准　浸出毒性鉴别》(GB 5085.3—2007)规定的浓度限值。

表 4.5　飞灰中重金属浸出毒性/$(mg \cdot L^{-1})$

飞灰中重金属	Zn	Pb	Cu	Cd	Cr
飞灰浸出液	107.016 1	4.903 2	85.406 1	5.191 4	1.634 4
飞灰 40% 固化体 28d 浸出液	0.012 2	0.159 7	0.005 6	0.009 0	0.211 0
飞灰 50% 固化体 28d 浸出液	0.013 3	0.306 2	0.019 9	0.010 8	0.236 3
飞灰 60% 固化体 28d 浸出液	0.013 5	0.361 1	0.020 1	0.024 5	0.244 0
飞灰 40% 固化体 56d 浸出液	0.003 2	0.110 5	0.006 3	0.010 1	0.085 7
飞灰 50% 固化体 56d 浸出液	0.003 5	0.301 0	0.015 0	0.010 5	0.100 5
飞灰 60% 固化体 56d 浸出液	0.005 7	0.323 1	0.018 4	0.015 0	0.109 8
GB5085.3—2007 规定限值	100	5	100	1	5

3）多元固废碱矿渣水泥微观结构及矿物学分析

（1）粒径分析

采用粒径分析仪分别测定了飞灰、固硫灰以及碱矿渣水泥的粒径分布(球磨时间 5 h,球磨转速 600 r/min,飞灰掺比 40%,50%,60%,70%)。由图 4.6 可知,经机械力球磨后的混合样品颗粒粒径明显降低,不同飞灰掺比的混合样品粒径分布差别不大。飞灰 D_{50} 为 40.22 μm,固硫灰 D_{50} 为 12.72 μm。飞灰掺比为 40%,50%,60%,70% 时,碱矿渣水泥颗粒的粒径分布 D_{50} 分别为 4.896 μm,

5.386 μm,5.944 μm,6.107 μm。

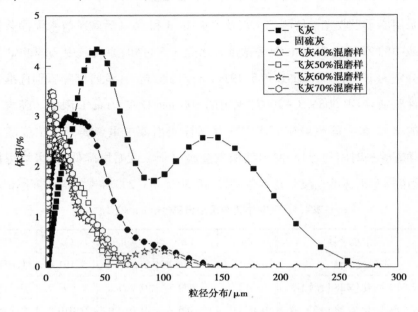

图 4.6　不同原料的粒径分布

（2）物相分析

由图 4.7 可知,飞灰中主要结晶相为氢氧钙石;固硫灰中主要为无定形态硅铝成分,石英、硬石膏和赤铁矿等。由于受机械力化学作用,固硫灰中硬石膏的晶相结构遭到破坏(图谱中硬石膏的衍射峰显著减弱)。图 4.7 中还出现了钙矾石和斜方钙沸石的衍射峰。通过钙矾石和斜方钙沸石的复合物理固封和物理化学吸附作用,可实现飞灰中重金属的稳定固化。

（3）红外吸收光谱分析

由图 4.8 可知,波数为 3433 cm^{-1} 和 1631 cm^{-1} 的吸收带分别归因于结合水的 O—H 拉伸振动和层间水的 H—O—H 弯曲振动。固化体中,位于 953 cm^{-1} 左右的吸收带归因于 Si—O—Si 的不对称拉伸振动,这可能与 C—S—H 凝胶和斜方钙沸石的生成有关。波数为 1 122 cm^{-1}(S—O 不对称振动)和 678 cm^{-1}(Al—OH 弯曲振动)左右的吸收峰归属于钙矾石的生成。水化过程中生成的斜方钙沸石和钙矾石可通过化学吸附作用稳定飞灰中重金属。1 434 cm^{-1} 和

875 cm^{-1} 处的吸收峰归因于 CO_3^{2-} 的弯曲振动和拉伸振动。红外图分析进一步证实，C—S—H 凝胶、钙矾石和斜方钙沸石是碱矿渣水泥净浆试样的主要水化产物，这与物相分析图结果一致。

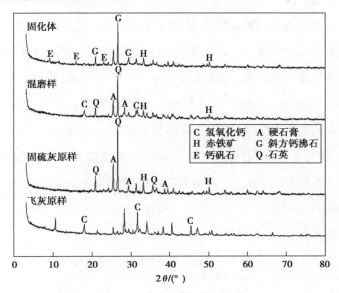

图 4.7　原料及样品的物相分图

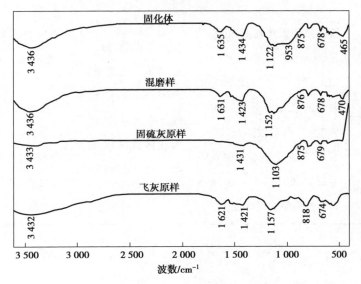

图 4.8　原料及样品的红外

4.3.3 多元固废碱矿渣水泥工程应用研究

多元固废碱矿渣水泥优缺点及应用前景见表4.6。多元固废碱矿渣水泥的制备方法具有工艺简单、设备要求低、能耗和成本低、二次污染小、工业废渣消纳量大等优势。基于机械力化学法对多元固废复合体系进行球磨处理，不仅能充分活化复合体系中的石膏、石灰和硅铝成分等，还可有效降解飞灰中二噁英等持久性有机污染物。固硫灰可被粉煤灰、钢渣、工业副产石膏等其他工业废渣替代与飞灰构成"石灰+石膏+硅铝"的复合胶凝材料体系。多元固废复合体系来源广泛，成分复杂，可能导致碱矿渣水泥产品质量波动大，性能的长期稳定性难以保证，应用范围受限。可对多元固废复合体系中的部分废渣进行预处理除杂来减轻原料杂质带来的负面影响。例如，飞灰和磷石膏等可通过水泥预处理来降低杂质含量。

表4.6 多元固废碱矿渣水泥优缺点及应用前景

名　称	优　点	缺　点	应用前景
多元固废碱矿渣水泥	机械力化学法提高了复合体系的水化程度，降低了水泥制品后期膨胀开裂的风险；同时，该技术具有飞灰掺加量大、水泥产品抗压强度高、固化成本低、工艺简单、飞灰中重金属固化效果好以及有效降解飞灰中持久性有机物等优点	该技术存在机械力活化能耗高、后期养护过程中水泥产品稳定性较差等缺点，同时固化体的抗压强度与飞灰掺量密切相关	未添加水泥、沥青和其他胶凝材料的情况下，能实现飞灰中重金属离子的固化和稳定化。该技术不仅能实现火山灰质工业废渣的资源化利用，还能对飞灰的安全处理与资源化提供理论依据

4.4　本章小结

　　高温焚烧技术在城市生活垃圾处理方面发挥着重要作用,能够同时实现生活垃圾的减量化和无害化。虽然焚烧法在城市生活垃圾处理中有着广泛的应用,但不可避免会产生二次污染物,即生活垃圾焚烧飞灰。因为飞灰中含有众多有害重金属和二噁英等持久性有机污染物,所以需要对其进行安全处置。本章简述了 MSWI 飞灰无害化处理技术和资源化现状,重点介绍了多元固废碱矿渣水泥的制备方法。利用火山灰质工业废渣和飞灰组成的复合体系制备碱矿渣水泥,可同时实现多元固体废物的无害化、减量化和资源化。

第 5 章　工业副产石膏的处理及资源化

5.1　工业副产石膏的来源及分类

工业副产石膏主要包括磷石膏、脱硫石膏、氟石膏、芒硝石膏、硼石膏、柠檬酸石膏、酒石酸石膏、乳酸石膏、铬石膏、钛石膏、盐石膏等。磷石膏和脱硫石膏占工业副产石膏总量的 80% 以上。磷石膏是磷化工企业在生产磷酸时排出的工业副产物（主要成分为硫酸钙）。通常情况下，每生产 1 t 磷酸（以 P_2O_5 计）产生 4.5~5.5 t 磷石膏（干基）。根据生产工艺的不同，副产物可能是硬石膏、半水石膏或二水石膏。脱硫石膏是火电厂、冶炼厂在烟气脱硫阶段采用传统湿法脱硫工艺将 SO_2 与氧化钙在强氧化条件下合成的副产物（主要成分为二水硫酸钙），其颜色多呈白色和灰黄色。

5.2　工业副产石膏的处理及资源化利用现状

据中国磷复肥工业协会统计，2018 年我国磷酸（以 P_2O_5 计）产量 1 696.3 万 t，副产磷石膏 7 800 万 t，利用 3 100 万 t，利用率 39.7%，新增磷石膏堆存 4 700 万 t。到目前为止，我国磷石膏堆存已超过 5 亿 t，而利用率不到 40%，造成了严重的资源浪费。西南地区磷矿资源主要分布在云南（49.61 亿 t）、贵州

（42.13 亿 t）、四川（30.46 亿 t），3 省查明资源总量约占全国的 48.33%。截至 2018 年，我国脱硫石膏产量超过 7 000 万 t，综合利用率约为 75%。根据中国固体废物污染环境防治法规定，对产生、收集、贮存、运输、利用、处置固体废物的单位和个人应采取措施防止或减少固体废物对环境的污染，对环境造成污染者将依法承担责任。脱硫石膏和磷石膏的大量堆存，不仅占用土地，还可能造成大气环境污染。同时，磷石膏中含有大量可溶性氟化物、可溶性磷酸盐和重金属，若处理不当可能对土壤、地表水、地下水环境造成严重威胁。磷石膏与脱硫石膏的规模化和高值化利用不仅能缓解其堆存处置带来的环境问题，还可节约大量土地和天然石膏资源，具有显著的经济效益、环境效益和社会效益。

5.2.1　工业副产石膏在水泥行业的应用

1）工业副产石膏制硫酸联产水泥

该工艺的主要原理是：工业副产石膏高温分解产生 CaO 和 SO_2；CaO 可为硅酸盐水泥熟料矿物的形成提供钙源；SO_2 经收集、催化氧化、吸收后制备硫酸。目前，我国已在山东鲁北集团、青岛东方化工集团股份有限公司、遵义市化肥厂等企业建成了 7 套工业副产石膏制硫酸联产水泥生产线。其中，鲁北集团的生产线运行状态较好。其主要工艺环节和工艺流程如图 5.1 所示。

主要工艺环节如下：

（1）烘干

工业副产石膏在干燥机中与高温热烟气换热，脱除游离水及部分结晶水，生成半水石膏。其反应式为

$$2CaSO_4 \cdot 2H_2O \longrightarrow 2CaSO_4 \cdot 1/2H_2O + 3H_2O \tag{5.1}$$

（2）生料分解

烘干后的石膏与其他原料配合成生料。生料在回转窑中逐渐预热至 900～1 300 ℃，焦炭与 $CaSO_4$ 发生氧化还原反应生成 CaO 和 SO_2。其反应式为

$$CaSO_4+2C \longrightarrow CaS+2CO_2 \uparrow \qquad (5.2)$$

$$CaS+3CaSO_4 \longrightarrow 4CaO+4SO_2 \uparrow \qquad (5.3)$$

总反应式为

$$2CaSO_4+C \longrightarrow 2CaO+2SO_2 \uparrow +CO_2 \uparrow \qquad (5.4)$$

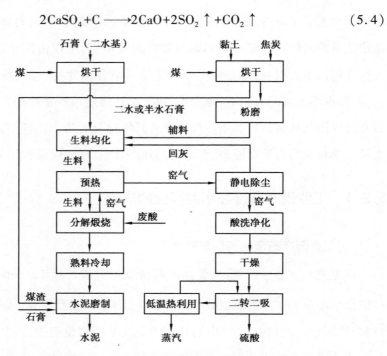

图 5.1　鲁北集团工业副产石膏制硫酸联产水泥工艺流程图

（3）熟料烧成

分解后的物料进入回转窑烧成带，在 1 250 ~ 1 450 ℃ 下 CaO 与 SiO_2，Al_2O_3，Fe_2O_3 等发生矿化反应，生成硅酸二钙、硅酸三钙、铝酸三钙、铁铝酸四钙等。

（4）硫酸的制备

含二氧化硫的窑气经静电除尘后进入制酸系统，其中的 SO_2 在催化剂催化下转化成 SO_3，再用稀硫酸反复吸收得到满足工业要求的浓硫酸。

尽管工业副产石膏制硫酸联产硅酸盐水泥工艺已实现工业化应用，但在实际生产过程中该工艺普遍存在设备投资大、能耗高、高温分解困难、石膏分解与水泥熟料矿物形成的气氛冲突、SO_2 浓度低、高温酸性气体腐蚀设备等缺陷。研究发现,与硅酸盐水泥生产相比,硫铝酸盐水泥具有合成温度低(200 ℃)、含钙量低、水化放热快等优势,可大幅度降低生产能耗;催化剂的加入,可降低工业副产石膏的分解温度;多气氛碳热还原分解石膏,能有效解决石膏分解与水泥熟料矿物形成的气氛冲突问题;调整石膏和高硫煤的配比,可提高收集器中 SO_2 的浓度,提高硫酸的生产效率。

2)工业副产石膏制水泥缓凝剂

用作水泥缓凝剂是当前工业副产石膏规模化利用的重要途径之一。工业副产石膏中的二水硫酸钙与铝酸三钙(水泥熟料水化反应生成)快速反应生成高硫型水化硫铝酸钙(又称钙矾石)。钙矾石是难溶于水的针状晶体沉淀,包裹在水泥熟料颗粒周围,阻碍了水泥熟料与水接触,从而延缓水泥颗粒水化过程。大量研究表明,磷石膏和脱硫石膏均具有取代天然石膏用作水泥缓凝剂的优势。与掺加天然石膏相比,掺加 1% ~4% 的脱硫石膏能有效调节水泥的凝结时间、提高强度、降低干缩率、提高抗冻性与安定性。磷石膏因含有可溶性磷、氟和残留酸等有害杂质,在代替天然石膏制备水泥缓凝剂时需进行预处理。磷石膏中加入适量的电石渣,可中和磷石膏内的酸,消除残留酸对磷石膏及其制品性能的不利影响。电石渣与磷石膏中的可溶性物质反应生成惰性的难溶物质,可减轻磷石膏中有害杂质对水泥性能的负面影响。工业副产石膏往往含水率较高,在用作缓凝剂前需采用烘焙或煅烧技术脱除其多余水分。

5.2.2　工业副产石膏在石膏建材领域的应用

石膏建材制品种类繁多,主要包括纸面石膏板、石膏砌块和粉刷石膏等。

1)纸面石膏板

纸面石膏板是以建筑石膏和面纸板为主要原料,掺加适量纤维、淀粉、发泡剂和水,经混合、成型、切断及烘干等工序制成的轻质建筑板材。它具有质轻、防火、抗震、保温隔热、建筑节能等特点，广泛应用于工业建筑和民用建筑。

2）石膏砌块

石膏砌块是以建筑石膏为主要原材料经加水搅拌、浇注成型和干燥制成的轻质建筑石膏制品。在生产中根据性能要求允许加入纤维增强材料轻骨料，也可加入发泡剂或者高强石膏。

3）粉刷石膏

粉刷石膏是以石膏为主体，添加矿渣、水泥等原料制得的多相建筑石膏胶结材料。它具有初凝快、终凝慢、黏结力强、强度高等特点，可替代传统石灰砂浆抹灰。

以脱硫石膏和磷石膏为原料替代天然石膏制备上述石膏建材，均需进行预处理除杂，以避免石膏建材表面"泛霜"和部分附件加速生锈。此外，工业副产石膏建材硬化体因其高孔隙率导致其力学性能和耐水性能较差，可考虑添加外加剂（如水泥、聚乙烯醇和水性丙烯酸等）改善其性能。

5.2.3 工业副产石膏在农业中的应用

工业副产石膏（脱硫石膏和磷石膏）具有增强土壤阳离子交换能力、调节土壤 pH 和贫土成分等功效，具备用作土壤改良剂的潜力。磷石膏改良盐碱地在宁夏的平罗、惠农、贺兰和西夏区等 8 个示范点取得了成功。除氮、磷、钾外，硫和钙分别是植物生长所需的第四种和第五种营养素。在土壤改良中，磷石膏不仅为农作物提供大量硫和钙源，还可用于制备肥料，增加作物产量。国外学者利用磷石膏混合橄榄油废料和咖啡渣，堆肥 8 个月后施用于马铃薯，使马铃薯产量提升了 50% 以上。以磷石膏为原料，金正大集团建成了国内首套年产 30 万 t 硫酸联产硅钙钾镁肥的生产线，其在磷石膏制硅钙钾镁肥产业化及其修复酸性土壤方面的核心技术获得了国内行业专家的肯定。

5.2.4　工业副产石膏制硫酸钙晶须和高强石膏

石膏晶须是一种以 $CaSO_4$ 为主要成分的无机单晶材料,其直径在微纳米级(长径比为几十至几百),具有高强度、高模量、无毒无害等特征,广泛应用于造纸、橡胶、沥青、复合材料、生物降解材料和医药等领域,是一种极具应用前景的增强增韧材料。以工业副产石膏为原料(主要是磷石膏和脱硫石膏),国内外学者开展了大量石膏晶须制备方法开发方面的研究工作。具体制备方法包括高压水热合成法、常压酸化法、常压盐溶液法、常压醇溶液法等。上述制备方法分别存在设备耐高压和耐腐蚀要求高、产品质量受石膏原料杂质和添加剂种类影响大、产生酸性/高盐/有机废水、添加剂成本高、能耗高、连续化生产难度大等缺陷,尚未实现规模化工业应用。磷石膏和脱硫石膏制备高强石膏方法有蒸压法、水热合成法(常压或高压)、常压盐溶液法等。国内外学者常通过控制温度、pH 值、盐溶液浓度、固液比等参数和添加媒晶剂(一种或多种有机酸、盐和无机盐等)来提升高强石膏产品性能。

5.3　超细工业副产石膏粉的制备及应用

5.3.1　工业副产石膏蒸汽动能磨超细加工原理及方法

蒸汽动能磨超细加工工业副产石膏工艺是以过热蒸汽为动力,工业副产石膏粉料在高速气流中相互摩擦和碰撞,最终达到超细粉碎的目的。本书将以蒸汽动能磨超细加工磷石膏和脱硫石膏为例,介绍了气流粉碎技术在工业副产石膏超细加工中的应用,可为工业副产石膏的规模化利用提供技术参考。超细加工主要设备为西南科技大学环境与资源学院陈海焱教授课题组自主研发的蒸汽动能磨(LNJ-18A 型)。蒸汽动能磨系统是由加料机、分级机、加料斗、流化床气流磨、超音速喷嘴、袋式收尘器及引风机等组成。袋式收尘器内的粉料粒径主要是由涡轮分级机的频率决定。频率越高通过分级机的颗粒就越细，频率越低则收集到的粗颗粒含量就越高。本节研究内容中涉及的工业副产石膏为广西某化肥厂提供的磷石膏（PG）和内蒙古某燃煤电厂提供的烟气脱硫石膏（FGD）。磷石膏和脱硫石膏的主要成分见表 5.1。

表 5.1　磷石膏和脱硫石膏的成分组成/%

样品名称	CaO	SO_3	SiO_2	P_2O_5	MgO	Al_2O_3	K_2O	Fe_2O_3	F	附着水
磷石膏	36.05	52.35	8.83	1.18	—	0.71	0.27	0.17	0.10	4.61
脱硫石膏	39.95	49.65	3.80	—	2.10	1.37	0.58	0.50	1.56	12.52

5.3.2　气流粉碎对工业副产石膏基本特性的影响

1）气流粉碎对工业副产石膏粒径分布的影响

利用蒸汽动能磨对磷石膏和脱硫石膏分别进行超细粉碎。设备的主要运行参数为：分级机频率 20 Hz，35 Hz，45 Hz；蒸汽温度为 280 ~ 290 ℃；蒸汽压力0.5 MPa。超细磷石膏粉体（PG_0—PG_{45}）、超细脱硫石膏粉体（FG_0—FG_{45}）和自磨水泥熟料（C）的粒径分布如表5.2、图5.2、图5.3所示。其中，水泥熟料是由水泥熟料球磨试验机制备，PG_0，FG_0 为粉磨原料。超细加工前，磷石膏和脱硫石膏粉体的粒径（D_{50}）分别为 12.730 μm，33.810 μm。经蒸汽动能磨超细粉碎之后（分级机频率为 45 Hz 时），磷石膏和脱硫石膏粉体的粒径（D_{50}）均降至2.5 μm 左右。气流粉碎技术加工石膏类脆性粉体材料效果明显。

表 5.2　超细石膏粉及水泥熟料粒径分布

样品编号	分级频率/Hz	$D_{10}/\mu m$	$D_{25}/\mu m$	$D_{50}/\mu m$	$D_{75}/\mu m$	$D_{90}/\mu m$
C	—	0.738	1.556	5.691	26.939	57.111
PG_0	—	1.183	3.439	12.730	31.590	52.310

续表

样品编号	分级频率/Hz	D_{10}/μm	D_{25}/μm	D_{50}/μm	D_{75}/μm	D_{90}/μm
PG_{20}	20	0.820	1.566	4.542	8.127	11.29
PG_{35}	35	0.733	1.204	2.519	4.754	7.897
PG_{45}	45	0.729	1.170	2.235	4.046	6.660
FG_0	—	2.097	12.120	33.810	54.950	100.200
FG_{20}	20	0.999	2.809	8.595	23.920	54.890
FG_{35}	35	0.833	1.730	4.990	9.761	13.930
FG_{45}	45	0.719	1.184	2.667	5.204	8.670

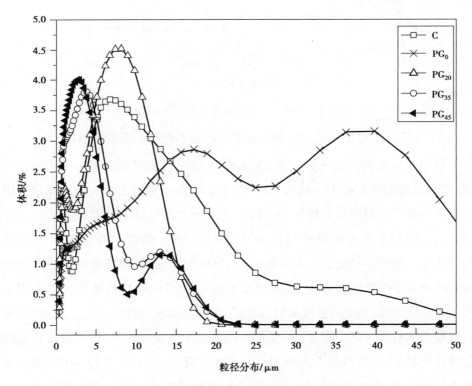

图 5.2　磷石膏及水泥熟料颗粒分布曲线

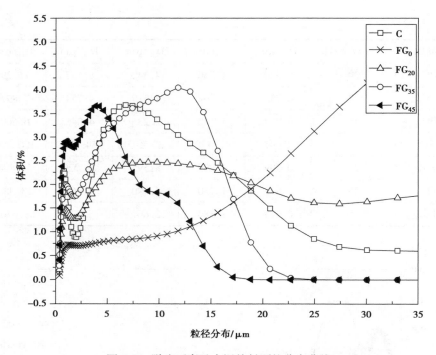

图 5.3　脱硫石膏及水泥熟料颗粒分布曲线

2）气流粉碎对工业副产石膏附着水、结晶水和物相组成的影响

利用 X 射线衍射仪分析了气流粉碎前后磷石膏和脱硫石膏粉体的物相组成（常规衍射图谱扫描 3°～80°），分析结果如图 5.4 和图 5.5 所示。利用干燥差重法测试了不同频率下超细分选的工业副产石膏粉体的附着水和结晶水含量。测试附着水含量的烘干温度为 45±3 ℃，测试结晶水含量的烘干温度为 230 ℃。测试结果见表 5.3 和表 5.4。气流粉碎前后，磷石膏和脱硫石膏中的石英相未发生变化，$CaSO_4 \cdot 2H_2O$ 或 $CaSO_4 \cdot 1/2H_2O$ 在机械力化学作用下发生了晶格畸变，衍射峰强度减弱，脱除了部分结晶水，逐渐向无定形态的半水石膏和无水石膏转化。附着水和结晶水测试显示气流粉碎之后，磷石膏和脱硫石膏的结晶水（分级机频率为 45 Hz 时）分别下降了 55.39% 和 75.80%，附着水几乎完全消失，脱水效果显著，这主要是因在气流粉碎过程中高温蒸汽能快速带走石膏中的附着水。同时，在高温高压和机械力的共同作用下石膏晶格发生一定程度破坏，导致结晶水的化学键断裂，部分结晶水脱除。

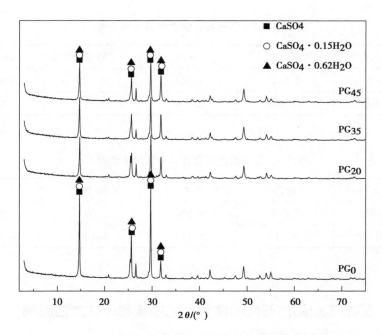

图 5.4　不同分级频率加工磷石膏粉体物相分析图谱

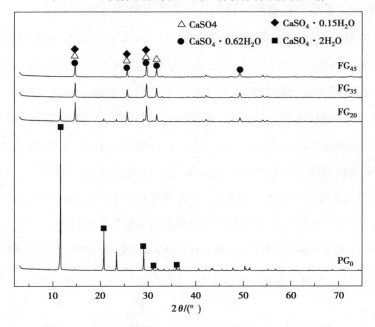

图 5.5　不同分级频率加工脱硫石膏粉体物相分析图谱

表 5.3　工业副产石膏粉体中附着水含量/%

样品名称	原料	20 Hz	35 Hz	45 Hz
磷石膏	4.612	1.523	0.422	0.089
脱硫石膏	12.526	2.124	0.501	0.075

表 5.4　工业副产石膏粉体中结晶水含量/%

样品名称	原料	20 Hz	35 Hz	45 Hz
磷石膏	8.630	4.002	3.853	3.850
脱硫石膏	20.510	5.118	5.110	4.963

5.3.3　超细工业副产石膏粉体对水泥净浆物理性能的影响

1）超细工业副产石膏粉体粒径对水泥净浆物理性能的影响

将不同粒径的磷石膏和脱硫石膏粉体以 5 wt% 的比例等量替代自磨熟料。磷石膏和脱硫石膏粉体（不同粒径分布）与水泥熟料混合后制备的水泥净浆试样的标准稠度用水量、凝结时间、安定性及抗压强度数据见表 5.5 和表 5.6。可知，随着超细石膏粉体粒径的降低，水泥净浆试样的标准稠度用水量增加，凝结时间缩短，抗压强度均增大（3,7,28 d）。石膏粉体的粒径越细，其比表面积越大，与水和熟料粉体颗粒接触越充分，水化反应更充分，标准稠度用水量增大。石膏粉体粒径降低，反应体系水化反应速度和程度提升，导致凝结时间缩短和更多的水化产物生成，水泥净浆试样最终的抗压强度也得到提升。

表 5.5　不同分级频率下制备的石膏对标准稠度用水量、凝结时间及安定性的影响

样品编号	分级频率/Hz	标准稠度用水量/%	初凝时间/min	终凝时间/min	安定性
PG$_0$	0	29.6	280	440	合格
PG$_{20}$	20	30.5	155	260	合格

续表

样品编号	分级频率/Hz	标准稠度用水量/%	初凝时间/min	终凝时间/min	安定性
PG_{35}	35	31.1	105	235	合格
PG_{45}	45	31.8	80	210	合格
FG_0	0	28.0	240	405	合格
FG_{20}	20	30.2	140	245	合格
FG_{35}	35	30.7	85	220	合格
FG_{45}	45	31.6	60	205	合格

表 5.6　不同分级频率下收集的工业副产石膏粉对水泥强度的影响

样品编号	分级频率/Hz	水灰比	超细粉所占比例/wt%	抗压强度/MPa		
				3 d	7 d	28 d
C	—	0.285	0	60.570 0	63.879 4	69.106 3
PG_0-C	0	0.296	5	52.079 8	58.815 9	64.183 9
PG_{20}-C	20	0.305	5	56.296 3	62.558 6	68.497 6
PG_{35}-C	35	0.311	5	62.986 1	68.002 6	73.289 6
PG_{45}-C	45	0.318	5	63.309 5	69.110 8	73.455 6
FG_0-C	0	0.280	5	57.286 2	62.121 6	65.927 8
FG_{20}-C	20	0.302	5	60.897 2	64.989 5	69.008 0
FG_{35}-C	35	0.307	5	65.496 9	69.885 9	74.986 8
FG_{45}-C	45	0.316	5	66.002 8	70.809 1	75.114 9

2）超细工业副产石膏粉体掺量对水泥净浆试样物理性能的影响

将不同掺量的磷石膏和脱硫石膏粉体等量替代自磨熟料。磷石膏和脱硫石膏粉体（不同掺量）与水泥熟料混合后制备的水泥净浆试样的标准稠度用水量、凝结时间、安定性以及抗压强度数据见表 5.7 和表 5.8。可知，随着超细石膏粉体掺量的增加，水泥净浆试样标准稠度用水量逐步提升，凝结时间先延长后缩短，强度先上升后下降，且随养护天数的增加强度逐渐提高。由于超细半水石膏或无水石膏粉体水化生成二水石膏，提升了反应体系的需水量。因此，水泥净浆试样的标准稠度用水量随着超细石膏粉体掺量的上升而增大。超细工业副产石膏粉体的加入为水泥净浆体系提供了更多的 SO_4^{2-}，生成了大量起缓凝作用的钙钒石（AFt），从而延长了水泥净浆试样的凝结时间。大量纤维状钙矾石的生成，提升了水泥净浆试样的致密度和抗压强度。但是，当超细石膏粉体掺量超过一定数值后，过量的半水石膏或无水石膏在水泥浆体中吸水硬化以及大量钙矾石纤维的交联作用增大了浆体的稠度，降低了浆体的流动性和自由水含量，缩短了浆体的凝结时间。随着浆体的流动性和自由水含量降低，水泥净浆试样的水化反应程度也降低，最终导致试样抗压强度下降。

表5.7　超细工业副产石膏粉掺量对水泥标准稠度用水量、凝结时间及安定性的影响

样品编号	掺量/wt%	标准稠度用水量/%	初凝时间/min	终凝时间/min	安定性
PG₃₅-C0	0	28.5	40	125	合格
PG₃₅-C1	1	29.0	115	220	合格
PG₃₅-C2	2	29.9	155	310	合格
PG₃₅-C3	3	30.3	150	290	合格
PG₃₅-C4	4	30.5	110	265	合格
PG₃₅-C5	5	30.9	100	225	合格
PG₃₅-C6	6	31.5	90	205	合格
PG₃₅-C7	7	32.0	85	180	合格
FG₃₅-C0	0	28.5	40	125	合格
FG₃₅-C1	1	29.8	120	215	合格
FG₃₅-C2	2	30.5	180	295	合格
FG₃₅-C3	3	30.9	200	305	合格
FG₃₅-C4	4	31.5	155	255	合格
FG₃₅-C5	5	31.8	85	220	合格
FG₃₅-C6	6	32.2	45	180	合格
FG₃₅-C7	7	32.4	30	165	合格

表 5.8　超细工业副产石膏粉掺量对水泥强度的影响

样品编号	掺量/wt%	标准稠度用水量/%	抗压强度/MPa		
			3 d	7 d	28 d
PG$_{35}$-C0	0	28.5	60.570 0	63.879 4	69.096 3
PG$_{35}$-C1	1	29.0	62.384 9	65.982 0	68.130 7
PG$_{35}$-C2	2	29.9	62.998 1	66.383 8	68.130 7
PG$_{35}$-C3	3	30.3	63.679 0	69.913 6	71.033 8
PG$_{35}$-C4	4	30.5	65.864 3	71.756 6	73.998 7
PG$_{35}$-C5	5	30.9	62.986 1	68.002 6	73.289 6
PG$_{35}$-C6	6	31.5	62.018 9	65.296 3	71.256 0
PG$_{35}$-C7	7	32.0	61.871 4	65.829 4	70.701 9
FG$_{35}$-C0	0	28.5	60.570 0	63.897 4	69.096 3
FG$_{35}$-C1	1	29.8	60.584 9	63.549 8	70.689 9
FG$_{35}$-C2	2	30.5	61.284 6	64.024 3	71.974 6
FG$_{35}$-C3	3	30.9	61.510 0	65.159 4	72.520 8
FG$_{35}$-C4	4	31.5	63.582 7	68.868 1	73.163 8
FG$_{35}$-C5	5	31.8	65.496 9	69.885 9	74.986 8
FG$_{35}$-C6	6	32.2	65.100 3	67.905 3	74.169 1
FG$_{35}$-C7	7	32.4	63.578 2	65.368 3	73.230 9

5.3.4　超细工业副产石膏粉体对水泥净浆试样水化反应影响分析

1）水泥净浆试样水化热分析

对掺和未掺工业副产石膏（超细加工前后的磷石膏和脱硫石膏）的水泥净浆试样进行了水化热测试。测试时间为 1~7 d，测试温度为 20 ℃。具体情况如图 5.6 所示。可知，添加了工业副产石膏之后，水泥净浆试样的放热速率和放热量显著提升。水泥浆体中的 SO_4^{2-} 与熟料中水化反应最快的铝酸三钙（C_3A）形成了早期强度来源（钙矾石，AFt），是决定早期放热量和放热速率的关键因素。在熟料中添加了石膏后，为反应体系提供了大量的 SO_4^{2-}，有效促进了钙矾石的形成,故放热量和放热速率均大幅度提高。由于工业副产石膏超细加工后粒径更细,与其他反应组分接触更充分,能更快地释放 SO_4^{2-} 到浆体溶液中,提高了水化反应的速度和程度。因此,水泥净浆试样的放热量和最大放热速度均得到提升。

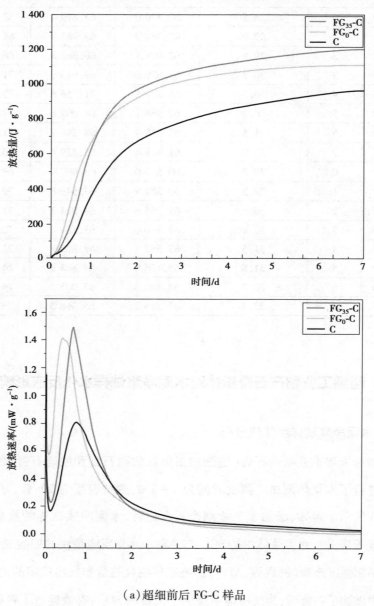

（a）超细前后 FG-C 样品

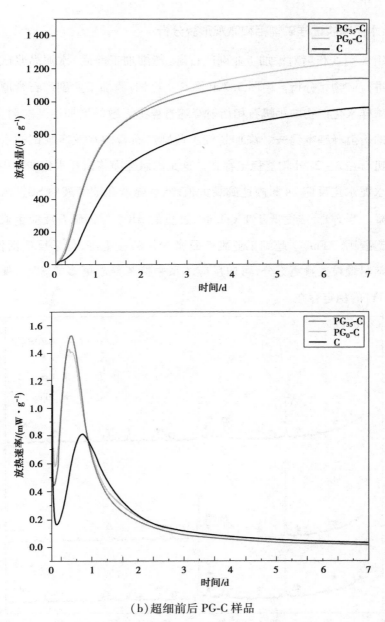

（b）超细前后 PG-C 样品

图 5.6　工业副产石膏复合水泥水化热流曲线

2）水泥净浆试样矿物相和微观形貌分析

利用 X 射线衍射对添加工业副产石膏（超细加工前后）水泥净浆试样的水化产物进行矿物相分析。由图 5.7 和图 5.8 可知，添加工业副产石膏原样的水泥净浆试样水化产物中钙钒石相衍射峰随着养护天数的增加逐渐减弱，28 d 时钙矾石的衍射峰基本消失。添加超细工业副产石膏的水泥净浆试样水化产物中的钙钒石在 3～28 d 均能稳定存在。这是因水泥净浆试样水化产物中钙矾石含量在水泥水化反应 24 h 内达到最大值，然后随着孔隙溶液中 SO_4^{2-} 浓度的下降而下降。当 SO_4^{2-} 浓度低于 1 g/L 时，过量的 AlO_2^- 与钙矾石反应生成单硫型水化硫铝酸钙（AFm）。超细工业副产石膏粉体粒径更细，化学反应活性更高，与水泥熟料颗粒接触更充分，可向反应体系中持续释放更多的 SO_4^{2-}，保证了钙矾石（AFt）的稳定存在。

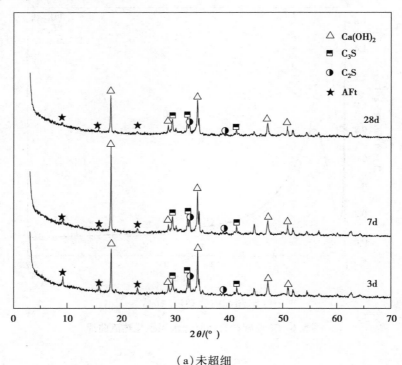

（a）未超细

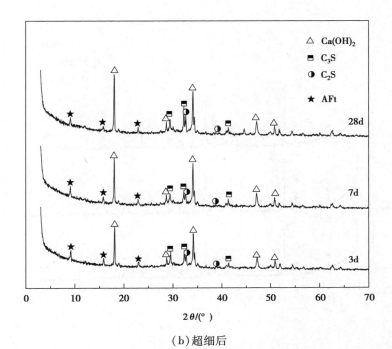

（b）超细后

图 5.7　脱硫石膏复合水泥水化产物物相分析图谱

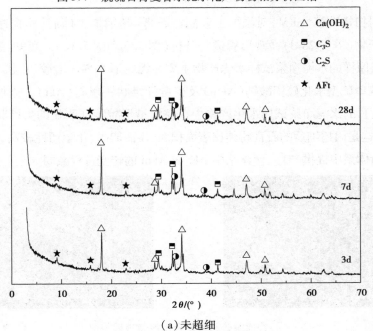

（a）未超细

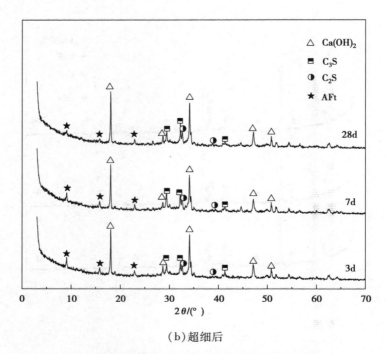

（b）超细后

图5.8　磷石膏复合水泥水化产物物相分析图谱

利用扫描电镜（SEM）对添加工业副产石膏（超细加工前后）水泥净浆试样的水化产物（养护28 d）微观形貌进行分析（图5.9和图5.10）。可知，添加工业副产石膏原样的水泥净浆试样水化产物主要为无定形 C-S-H 凝胶、片状／块状 Ca(OH)$_2$ 或单硫型水化硫铝酸钙（AFm）及少量纤维状钙矾石（AFt）。添加超细工业副产石膏的水泥净浆试样水化产物中存在大量形貌特征明显的尖针状钙矾石（AFt）。这是因超细后的石膏粉体比表面积大、表面能高、化学活性较高，能快速、持久地为体系中提供 SO$_4^{2-}$，使体系中 AFt 向 AFm 的转变过程减弱。

（a）普通脱硫石膏复合水泥微观形貌图

（b）普通磷石膏复合水泥微观形貌图

图 5.9　普通石膏复合水泥微观形貌图

（a）超细脱硫石膏复合水泥微观结构

（b）超细磷石膏复合水泥微观形貌图

图 5.10　超细工业副产石膏复合水泥微观形貌图

5.4　本章小结

本章首先简述了工业副产石膏（磷石膏和脱硫石膏）在水泥、建材、农业等领域的处理及资源化利用现状，然后重点介绍了利用蒸汽动能磨超细处理工业副产石膏的处理方法及超细半水工业副产石膏粉体在改性水泥胶凝材料方面的研究工作。采用蒸汽动能磨超细处理工业副产石膏，可显著改善工业副产石膏的理化特性。经超细改性后的工业副产石膏粉不仅可发挥缓凝剂的作用，又具有微纳米效应，优化了水泥基材料的机械强度和耐久性能。该部分研究成果可为工业副产石膏的规模化和高值化利用提供参考。

第6章 其他典型固(危)废处理及资源化

6.1 电解锰渣处理及资源化

6.1.1 电解金属锰生产工艺

我国电解锰企业主要分布在湖南、贵州、重庆、广西及宁夏等地区。贵州松桃、湖南花垣与重庆秀山形成了中国锰业的"金三角",素有"世界锰都"之称。贵州的电解金属锰企业通常选用菱锰矿(碳酸锰矿)作为原料(配矿后品位12%~13%),菱锰矿经多级粉碎后与回流的酸性废液制浆。浆液通过硫酸浸出,将菱锰矿中的碳酸锰转变为硫酸锰,菱锰矿中的铁和其他重金属也会转变为相应的硫酸盐进入浆液中。电解金属锰主要生产工艺包括配矿、粉碎、制浆、浸出、除铁、除重金属、多级压滤、合格液调制、电解、钝化、清洗、干燥和剥离等环节。

经过电解金属锰生产企业多年的技术改造和革新,电解金属锰生产工艺发生了一定程度的演变,部分情况如下:

①菱锰矿粉与硫酸直接浸出转变为菱锰矿粉先与回流的酸性废液制浆(预浸出),经管道泵送至浸出反应槽再与硫酸溶液混合浸出。酸性废液回流至制浆(预浸出)工段使酸性废液中的残留稀酸和可溶性锰得到了进一步回收利用。

同时，矿粉输送方式由皮带干法输送转变为浆液管道泵送，大大降低了作业现场的粉尘职业病危害和环境污染。

②除铁环节的除铁方式由过氧化氢氧化除铁演变为低成本的空气氧化除铁。除铁环节的浆液 pH 调控由氨水调控逐步转变为石灰水或与石灰水混合调控。

③除重金属环节由无机硫化剂转变为有机硫化剂对重金属离子进行沉淀去除。

④钝化处理工序由含重铬酸钾的钝化液转变为无铬钝化液，减少了含铬污泥的产生。

⑤间歇式电解金属锰生产工艺仍然是主流。以贵州武陵锰业为代表的企业逐步开展了连续推流式生产工艺的探索与应用。

电解金属锰生产工艺各个主要环节反应式如下：

①浸出环节

$$MnCO_3(s) + 2H^+ \longrightarrow Mn^{2+} + H_2O(l) + CO_2(g) \tag{6.1}$$

$$MgCO_3(s) + 2H^+ \longrightarrow Mg^{2+} + H_2O(l) + CO_2(g) \tag{6.2}$$

$$CaCO_3(s) + 2H^+ \longrightarrow Ca^{2+} + H_2O(l) + CO_2(g) \tag{6.3}$$

$$Ca^{2+} + SO_4^{2-} + nH_2O(l) \longrightarrow CaSO_4 \cdot nH_2O(s) \qquad (n = 0 \sim 2) \tag{6.4}$$

$$Fe_3O_4(s) + 8H^+ \longrightarrow Fe^{2+} + 2Fe^{3+} + 4H_2O(l) \tag{6.5}$$

$$FeO(s) + 2H^+ \longrightarrow Fe^{2+} + H_2O(l) \tag{6.6}$$

$$CuO(s) + 2H^+ \longrightarrow Cu^{2+} + H_2O(l) \tag{6.7}$$

$$CoO(s) + 2H^+ \longrightarrow Co^{2+} + H_2O(l) \tag{6.8}$$

$$NiO(s) + 2H^+ \longrightarrow Ni^{2+} + H_2O(l) \tag{6.9}$$

$$CdO(s) + 2H^+ \longrightarrow Cd^{2+} + H_2O(l) \tag{6.10}$$

$$ZnO(s) + 2H^+ \longrightarrow Zn^{2+} + H_2O(l) \tag{6.11}$$

②除铁环节

$$MnO+2Fe^{2+}+4H^+ \longrightarrow 2Fe^{3+}+Mn^{2+}+2H_2O(1) \tag{6.12}$$

$$O_2(g)+4Fe^{2+}+4H^+ \longrightarrow 4Fe^{3+}+2H_2O(1) \tag{6.13}$$

$$H_2O_2(aq)+2Fe^{2+}+2H^+ \longrightarrow 2Fe^{3+}+2H_2O(1) \tag{6.14}$$

$$Fe^{3+}+OH^- \longrightarrow Fe(OH)_3(s) \tag{6.15}$$

③除重金属环节

$$(Pb^{2+},\ Zn^{2+},\ Cu^{2+},\ Ni^{2+},\ Co^{2+})+2(CH_3)_2NCSS^- \longrightarrow$$

$$((CH_3)_2NCSS)_2(Pb^{2+},\ Zn^{2+},Cu,\ Ni,\ Co) \downarrow \tag{6.16}$$

④电解环节

$$Mn^{2+}+2e^- \longrightarrow Mn \tag{6.17}$$

$$Mn^{2+}-2e^-+2H_2O \longrightarrow MnO_2+4H^+ \tag{6.18}$$

$$2H_2O-4e^- \longrightarrow O_2 \uparrow +4H^+ \tag{6.19}$$

6.1.2　电解锰渣基本特性及其危害

电解锰渣主要来源于电解金属锰生产工艺的多级压滤环节。在现有工艺条件下，生产 1 t 金属锰将产生 9～12 t 电解锰渣。电解锰渣是一种弱酸性（pH值为 5.0～6.5）的黑色泥状固体，粒径较大（易发生板结），含水率高，氨氮含量高，资源化难度大。电解锰渣化学组分主要包括硅、钙、镁、铁、锰及硫等，主要含有石英、石膏及少量白云石等矿物相。

由于电解锰渣中含有高浓度的氨氮，因此限制了其在建材领域的规模化应用。目前，绝大部分电解金属锰生产企业主要以堆存的方式对电解锰渣进行处置。电解锰渣的堆存处置不仅占用大量土地，还存在潜在环境风险。由于雨水淋溶或风力搬运作用，电解锰渣中的氨氮、锰离子和其他重金属离子进入周边环境。因此，可能造成周边土壤、大气、地表水及地下水环境污染。

6.1.3 电解锰渣无害化与资源化技术

1）固化/稳定化

固化/稳定化技术主要分为化学试剂固化/稳定化和多元固废协同处置两个方面。化学试剂固化/稳定化是利用生石灰、水泥、氧化镁、可溶性磷酸盐与硅酸盐等，将电解锰渣中的可溶性有害组分转化为不溶性或热力学稳定的物质，以减少有害物质迁移扩散。多元固废协同处置则是通过电解锰渣与磷石膏、电石渣、赤泥或粉煤灰等一种或多种固体废物混合形成具有胶凝性或化学稳定性的物质，从而实现电解锰渣的固化/稳定化。上述两种固化/稳定化处理技术原理相似，主要包括水泥基材的物理化学固化、鸟粪石对氨氮的固定作用、强碱环境对重金属的沉淀作用等。

2）电动修复技术

电动修复是在 20 世纪 30 年代发展起来的用于去除盐碱土壤中过量盐分的技术。20 世纪 80 年代以来，电动修复技术已被用于去除土壤中的其他污染物。电解锰渣中的可溶性锰和氨氮浓度偏低，若采用传统的固化/稳定化方法，存在工艺复杂、处理成本高等缺点。电解锰渣含水率较高，其内部含有大量的微孔道，有利于锰渣中水分的传输，为外加电场作用下目标对象的迁移提供了有利条件。因此，对堆存已久的电解锰渣中锰和氨氮的处理，电动修复技术具备一定潜力。

3）有用组分回收

随着矿产资源贮量和品位的逐渐下降，从伴生尾矿、工业和城市固体废物中深度提取和回收有用组分已成为可持续发展的新方向。电解锰渣是电解金属锰生产过程中产生的主要固体废物，含有 4 ~ 6 wt% Mn，2 ~ 17 wt% Fe，0.3 ~ 4.75 wt% Mg 等，具有潜在的回收利用价值。贵州部分企业正在尝试通过电解锰渣水洗回收可溶性有价组分，并将水洗后的残渣进行建材化利用。同时,部分学者通过硫酸、盐酸或硝酸等酸性浸提剂,探索提高电解锰渣中锰、氨氮及其他有用组分的回收率。随着微生物浸提技术的发展,利用微生物对电解锰渣中的有用组分进行浸提回收逐渐引起了学者的关注。

4）电解锰渣建材化利用

电解锰渣中含有大量石英、石膏和含铁矿物等,具备作为水泥掺和料的潜力。宁夏天元锰业开展了水泥窑协同处理锰渣技术的工业化应用探索,其水泥熟料生产中电解锰渣占比可达 40%。舒建成等学者提出了电解锰渣经水泥灼烧生料预处理除氨氮后作为掺和料生产水泥的工艺。电解锰渣还可作为添加剂生产钙长石-顽辉石复合陶瓷、再生瓷砖、多孔陶瓷等硅酸铝基陶瓷。贵州和四川的部分企业还开展了电解锰渣制备透水砖和蒸压砖的应用探索。

6.2　赤泥的处理及资源化

赤泥是氧化铝工业生产过程中产生的一种强碱性固体废物。其主要成分为氧化铝、氧化铁、二氧化钛、氢氧化钠或氧化钙等。根据氧化铝生产工艺的不同,可将赤泥分为拜耳法赤泥、烧结法赤泥和联合法赤泥。赤泥碱性高、含重金属或微量放射性元素,长期大量堆存可能对周边土壤、地下水、大气等生态环境和人群健康造成潜在威胁,其无害化处理及规模化利用技术开发引起了国内外学者的广泛关注。目前,赤泥资源化处理技术开发主要集中在以下 3 个方向:

①赤泥中有价金属回收。

②赤泥基环境功能材料开发。

③赤泥建材化利用。

6.2.1　赤泥中有价金属和稀土元素回收

赤泥中铁、铝、钛、钒、钪、钇、铈、镧等有价金属和稀土元素含量较高,具有潜在的回收价值。若能实现上述组分的有效回收,对我国制铝工业的可持续发展具有重要现实意义。

1）回收铁

赤泥提铁最常用的方法为还原焙烧-磁选法。还原焙烧-磁选法是将赤泥和一定量碳质还原剂或气体还原剂混合均匀后进行还原焙烧,使磁性较弱的赤铁矿还原为磁性较强的 Fe_3O_4 或单质 Fe。焙烧产物磨细后采用湿式磁选的方法回收铁。还原焙烧-磁选法的工艺流程如图 6.1 所示。

图 6.1　还原焙烧-磁选法的工艺流程

2）回收铝

常规赤泥提铝的方法为高温湿法冶金回收和碱焙烧法。高温湿法冶金回收是在高温高压环境下将高碱度铝浸出。该方法提铝回收率低,设备要求高（耐高温、高压和腐蚀）,工业化难度大。碱焙烧法是将 Na_2CO_3 与赤泥先充分混合均匀,经 800～1 200 ℃煅烧和加水浸出,即可获得可溶性铝酸钠。近年来,国内外学者提出了一种从拜耳法赤泥中回收铝和钠的钙化-碳化联合新工艺。该工艺主要包括以下两个步骤:首先通过添加石灰将 $Na_2O \cdot Al_2O_3 \cdot xSiO_2 \cdot (6-2x)H_2O$ 转化为 $3CaO \cdot Al_2O_3 \cdot xSiO_2 \cdot (6-2x)H_2O$;再将上述钙化固体产物经高压 CO_2 碳化后分解为碳酸钙、硅酸钙和氢氧化铝。该工艺钠与铝回收率高、设备要求较低、能耗低,具有一定的工业化应用潜力。

3）回收钛、钒和稀土元素

赤泥中提取钒、钛、钪等的主要方法是酸浸（酸性介质常采用硫酸、硝酸和盐酸等）,其次是沉淀法、吸附法、离子交换法及溶剂萃取法。直接酸浸法能耗低、浸出工艺简单、回收率高,但选择性低,后续分离过程复杂、产品提纯难度大。为减少杂质元素的影响,许多学者致力于开发新型的酸浸-有机萃取体系,以提高目标元素回收的选择性。部分学者将火法冶炼与酸浸相结合,可提高赤泥中稀土元素回收的选择性。酸浸法提取赤泥中稀土元素的另一难题是如何减少硅胶的形成(硅胶会降低固液分离效率)。采用 H_2SO_4 或 HCl 对赤泥进行干法消解提取稀土元素,可有效避免硅胶的形成,大大提高了浸出液的过滤效果。

6.2.2　环境功能材料的制备

赤泥具有比表面积大、孔隙度高、硅铝含量高等特性,可合成水处理吸附剂或絮凝剂来去除废水中的 F^-、PO_4^{3-}、有机污染物、重金属离子和放射性元素(Cs-137,Sr-90,U)等。赤泥的高碱度特性使其具备吸收处理酸性废气的潜力(主要成分包括 SO_2,H_2S,N_xO_y 等)。赤泥经煅烧改性、酸改性、与其他材料复合改性后,可作为光催化剂降解废水中的甲基橙染料、亚甲基蓝染料、四环素、孔雀石绿等有机污染物。赤泥中的高碱度组分可用来活化偏高岭土、粉煤灰和矿渣等来制备碱矿渣水泥或地聚合物,可进一步用于固化重金属或放射性元素等。

6.2.3　赤泥作为建材的生产原料

烧结法赤泥中含有大量 $2CaO \cdot SiO_2(50\% \sim 70\%)$,$3CaO \cdot Al_2O_3 \cdot xSiO_2 \cdot yH_2O$,$CaCO_3$ 等成分,可作为水泥生产的原料。赤泥经脱水处理后与石灰石、砂岩等配合制成生料,然后送入回转窑即可烧制成水泥熟料。赤泥中富含硅、铝、钙、铁等成分,同样具备生产陶瓷材料的潜力。部分学者利用拜耳法赤泥、高岭土和石英砂为主要原料成功制备了综合性能优异的建筑陶瓷。赤泥中的氧化铁、氧化铬等组分,可作为微晶玻璃成核剂,用于制备赤泥基微晶玻璃。熔融法制备微晶玻璃的工艺流程为配料、熔融、压延、降温成型、退火、升温核化及晶化。赤泥基建材制品原料价格低廉,机械强度性能较优,但其高碱度和放射性依旧是限制其规模化应用的主要因素。

6.3 餐厨垃圾处理及资源化

6.3.1 餐厨垃圾的来源与特性

餐厨垃圾是指人们在就餐后产生的残余废物及在烹饪过程中产生的废弃物。我国餐厨垃圾主要由米饭、面食、汤、肉食、素菜、油脂等组成。其化学成分主要为碳水化合物、蛋白质、脂肪、挥发性脂肪酸、无机盐、微量元素及水分等。随着我国人民生活质量不断提高，我国餐厨垃圾产量逐年上升，当下年产量已超过 6 000 万 t。部分城市如重庆、四川、上海、广州等地餐厨垃圾日产量超过了1 000 t。西南地区饮食具备浓厚地域文化色彩，以辣著称（如火锅、干锅、烤鱼等），易产生高油高盐的餐厨垃圾。餐厨垃圾的基本特性包括：

①高含水率，80% 以上。

②高盐。

③高有机物含量。

④高油脂。

⑤氮磷钾元素丰富。

⑥易滋生病原菌、病原微生物等。

⑦易腐烂变质、发霉发臭、滋生蚊蝇、污染环境。

⑧易生物降解等。餐厨垃圾本身不具备毒性，但如果处理不及时或处理不当，则有引发卫生安全问题的风险。

6.3.2 餐厨垃圾处理及资源化

餐厨垃圾的处理及资源化技术包括焚烧与填埋技术、厌氧发酵技术、好氧堆肥技术及生物柴油技术等。

1）焚烧与填埋技术

我国部分城市仍存在餐厨垃圾与生活垃圾混合收集处理的现象。该情况下一般将餐厨垃圾与生活垃圾一起进行焚烧或填埋处理。此外,部分餐厨垃圾处理企业将回收后的餐厨垃圾经分选、固液分离、提油等预处理后,剩余的固渣也会选择就近焚烧或者填埋。焚烧是通过 900～1 000 ℃ 的高温对餐厨垃圾中的可燃物组分进行氧化分解,从而实现餐厨垃圾减量化。但是,若餐厨垃圾燃烧不充分,可能产生持久性有机污染物,造成二次污染。

填埋法是一种工艺简单的餐厨垃圾处理方式。它主要适用于目前还未实行餐厨垃圾单独收运处理的城市。主要操作方式是将餐厨垃圾和其他生活垃圾混合收运并填埋。但是,餐厨垃圾在填埋过程中会产生大量高浓度有机污染物,增加了后续渗滤液处理负荷和难度。随着人们对生活健康关注度的提高以及国家政策的不断完善,焚烧和填埋在未来将会逐渐退出餐厨垃圾处理领域。

2）厌氧发酵技术

餐厨垃圾厌氧发酵处理就是利用厌氧微生物的分解代谢,将餐厨垃圾中的有机物分解为甲烷和二氧化碳等混合气体的过程。厌氧消化过程可分为水解、酸化、乙酸化及甲烷化 4 个阶段,如图 6.2 所示。在水解阶段,餐厨垃圾中的碳水化合物、蛋白质和脂肪等悬浮颗粒有机质被微生物水解成多糖、多肽和有机酸等可溶有机质;在酸化阶段,短链有机质被产酸菌降解成葡萄糖、氨基酸、VFAs（挥发性脂肪酸）、NH_3 和 H_2S 等;在乙酸化阶段,葡萄糖和氨基酸被产乙酸菌转化为乙酸、H_2 和 CO_2;在甲烷化阶段,产甲烷菌将乙酸、H_2 转化成 CH_4 和 CO_2。

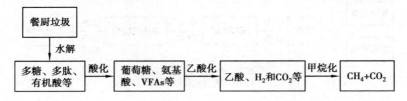

图 6.2　生物厌氧发酵技术处理餐厨垃圾

餐厨垃圾的营养物质丰富,C/N 比值一般都在适合厌氧消化的范围内。但是，餐厨垃圾的厌氧消化仍然面临以下问题：

①餐厨垃圾含有较多大颗粒物质，如木质素和角蛋白等复杂有机质在厌氧条件下极难被生物降解，可降低餐厨垃圾的水解速度，延长厌氧消化的停滞时间。

②与产酸菌相比，产甲烷菌的周期长，消耗有机酸的能力有限，且易受环境因素波动和重金属等有毒物质的影响。因此，当系统有机负荷较高时，容易出现系统酸化的情况。另外，氨氮是微生物的营养物质，且能提高系统的缓冲能力，但当餐厨垃圾中蛋白质含量过高时，厌氧消化系统经常面临氨氮抑制的问题。

③产甲烷菌是古生菌，主要分为乙酸营养型甲烷菌和氢营养型甲烷菌两大类群。在产甲烷阶段，乙酸营养型产甲烷菌发挥主要作用，将乙酸脱羧分解成为 CH_4 和 CO_2，而氢营养型产甲烷菌将 H_2 作为电子供体，CO_2 作为电子受体，最后生成 CH_4 和 H_2O。但是，餐厨垃圾厌氧消化产生的沼气中 CH_4 只占40%～70%，剩下的大部分是 CO_2，少量的 H_2S 和其他杂质，故产物沼气热值低。

3）好氧堆肥技术

有机质含量高、易于降解、无毒、微生物可利用营养物质全面等特点，使餐厨垃圾适于堆肥处理。好氧堆肥处理是在有氧条件下，将餐厨垃圾通过添加好氧堆肥菌剂或在物料本身所含微生物的作用下分解有机物，经高温发酵后实现餐厨垃圾无害化、资源化的过程。其工艺流程如图6.3所示。利用餐厨垃圾生产有机肥操作简单，设备要求和运行成本低，可规模化推广。

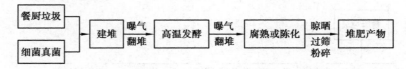

图6.3　好氧堆肥技术处理餐厨垃圾

4）生物柴油技术

生物柴油技术是将餐厨垃圾中的油脂分离出来炼制成生物柴油。餐厨垃圾制取生物柴油的方法主要包括物理法（直接混合法、微乳液法）、高温裂解法和化学法（酯化反应、酯交换反应）。酯交换法应用最广，主要是用甲醇或乙醇等低碳醇在强酸或强碱的催化作用下与废油中的甘油三酸酯发生交换反应，使其酯键发生断裂而生成长链脂肪酸甲酯或乙酯，从而降低碳链的长度及油脂的黏度，生产生物柴油。其工艺流程如图6.4所示。生物柴油技术既能将餐厨垃圾中的油脂制成生物柴油，同时也可生产大量副产品甘油三酯（可用于生产肥皂）。该技术让餐厨垃圾的处理质量得到了有效提高，应用前景广阔。

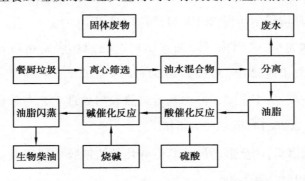

图6.4　生物柴油技术处理餐厨垃圾

参考文献

[1] 张嘉超,曾光明,喻曼,等.农业废物好氧堆肥过程因子对细菌群落结构的影响[J].环境科学学报,2010,30(5):1002-1010.

[2] 孙静文,刘光全,张明栋,等.油基钻屑电磁加热脱附可行性及参数优化[J].天然气工业,2017,37(2):103-111.

[3] 刘宇程,王茂仁,李永刚,等.油基岩屑热脱附处理工艺参数优化[J].环境工程学报,2020,14(6):1639-1648.

[4] 蒋国斌,向启贵,胡金燕,等.油基岩屑化学清洗技术研究进展[J].应用化工,2020,49(1):202-206.

[5] 刘宇程,陈媛媛,梁晶晶,等.复合溶剂萃取法处理油基钻屑实验研究[J].应用化工,2019,48(1):93-96.

[6] 何焕杰,单海霞,马雅雅,等.油基钻屑常温清洗-微生物联合处理技术[J].天然气工业,2016,36(5):122-127.

[7] 邓皓,王蓉沙,唐跃辉,等.水泥窑协同处置含油污泥[J].环境工程学报,2014,8(11):4949-4954.

[8] 陈袁魁,王善拔.硫酸钡对含碱水泥熟料形成和性能的影响[J].武汉工业大学学报,1994,16(3):17-22.

[9] 卫樱蕾,严建华,陆胜勇,等.钙基添加剂对机械化学法降解二恶英的影响[J].浙江大学学报,2010,44(5):991-997.

[10] 孙秀丽,童琦,刘文化,等.碱激发粉煤灰和矿粉改性疏浚淤泥力学特性及显微结构研究[J].大连理工大学学报,2017,57(6):622-628.

[11] 张大威,李霞,纪柱.铬铁矿无钙焙烧工艺参数控制研究[J].无机盐工业,2012,44(6):37-39.

[12] HUANG X, MUHAMMAD F, YU L, et al. Reduction/immobilization of chromite ore processing residue using composite materials based geopolymer coupled with zero-valent iron[J]. Ceramics International,2018,44(3):3454-3463.

[13] 李维宏,杨宁,魏晓峰,等.一株 Cr(Ⅵ)还原菌的筛选鉴定及其还原特性研究[J].农业环境科学学报,2015,34(11):2133-2139.

[14] HIROTA K, TAKANO Y, YOSHINAKA M, et al. Hot Isostatic Pressing of Chromium Nitrides(Cr$_2$N and CrN) Prepared by Self-Propagating High-Temperature Synthesis[J]. Journal of the American Ceramic Society,2001,84(9):2120-2122.

[15] 徐亚红,徐中慧,蒋灶,等.镁热剂/铝热剂体系 SHS 法固化处理无钙焙烧铬渣[J].化工学报,2017,68(11):4309-4315.

[16] 蒋旭光,陈钱,赵晓利,等.水热法稳定垃圾焚烧飞灰中重金属研究进展[J].化工进展,2021,40(8):4473-4485.

[17] BIE R S,CHEN P,SONG X F,et al. Characteristics of municipal solid waste incineration fly ash with cement solidification treatment[J]. Journal of the Energy Institute,2016,89(4):704-712.

[18] GINEYS N,AOUAD G,DAMIDOT D. Managing trace elements in Portland cement-Part Ⅰ:Interactions between cement paste and heavy metals added during mixing as soluble salts[J]. Cement and Concrete Composites,2010,32(8):563-570.

[19] 尚宁,王海洋,吴华南,等.垃圾焚烧飞灰水泥固化体的抗压强度和浸出性研究[J].环境工程学报,2016,10(6):3207-3214.

[20] GAO X B,WANG W,YE T M,et al. Utilization of washed MSWI fly ash as

partial cement substitute with the addition of dithiocarbamic chelate [J]. Journal of Environmental Management,2008,88(2):293-299.

[21] HUANG W J,LO J S. Synthesis and efficiency of a new chemicalfixation agent for stabilizing MSWI fly ash[J]. Journal of Hazardous Materials,2004,112(1-2):79-86.

[22] LI G,LIU M,RAO M,et al. Stepwise extraction of valuable components from red mud based on reductive roasting with sodium salts [J]. Journal of Hazardous Materials,2014,280:774-780.

[23] LIU S J,GUO Y P,YANG H Y,et al. Synthesis of a water-soluble thiourea-formaldehyde (WTF) resin and its application to immobilize the heavy metal in MSWI fly ash [J]. Journal of Environmental Management, 2016, 182: 328-334.

[24] WANG F H,ZHANG F,CHEN Y J,et al. A comparative study on the heavy metal solidification/stabilization performance of four chemical solidifying agents in municipal solid waste incineration fly ash[J]. Journal of Hazardous Materials,2015,300:451-458.

[25] SUN Y F,WATANABE N,QIAO W,et al. Polysulfide as a novel chemical agent to solidify/stabilize lead in fly ash from municipal solid waste incineration[J]. Chemosphere,2010,81(1):120-126.

[26] YANG J K, XIAO B, BOCCACCINI A R. Preparation of low melting temperature glass-ceramics from municipal waste incineration fly ash [J]. Fuel, 2009,88(7):1275-1280.

[27] LIU Y S,ZHENG L,LI X D,et al. SEM/EDS and XRD characterization of raw and washed MSWI fly ash sintered at different temperatures [J]. Journal of Hazardous Materials,2009,162(1):161-173.

[28] CHOU S Y, LO S L, HSIEH C H, et al. Sintering of MSWI fly ash by

microwave energy［J］. Journal of Hazardous Materials, 2009, 163（1）: 357-362.

［29］胡超超,王里奥,詹欣源,等.城市生活垃圾焚烧飞灰与电解锰渣烧制陶粒［J］.环境工程学报,2019,13(1):177-185.

［30］SAKAI S I,HIRAOKA M. Municipal solid waste incinerator residue recycling by thermal processes［J］,Waste Management. 2000,20(2-3):249-258.

［31］ZHAO P,NI G H,JIANG Y M,et al. Destruction of inorganic municipalsolid waste incinerator fly ash in a DC arc plasma furnace［J］. Journal of Hazardous Materials,2010,181(1-3):580-585.

［32］WANG Q,YAN J H,CHI Y,et al. Application of thermal plasma to vitrify fly ash frommunicipal solid waste incinerators［J］. Chemosphere,2010,78（5）: 626-630.

［33］HUANG K,INOUE K,Harada H,et al. Leaching behavior of heavy metals with hydrochloric acid from fly ash generated in municipal waste incineration plants ［J］. Transactions of Nonferrous Metals Society of China, 2011, 21 （6）: 1422-1427.

［34］FUNARI V,MAKINEN J,SALMINEN J,et al. Metal removal from Municipal Solid Waste Incineration fly ash:A comparison between chemical leaching and bioleaching［J］. Waste Management,2017,60:397-406.

［35］马保国,陈全滨,李相国,等.活化方式对 CFBC 脱硫灰自硬化性能的影响［J］.建筑材料学报,2013,16(1):60-64.

［36］王昕,崔素萍,汪澜,等.钙矾石对不同价态 Cr 离子的固化稳定性［J］.硅酸盐通报,2015,34(11):3308-3314.

［37］陈灿,谢伟强,李小明,等.水泥、粉煤灰及生石灰固化/稳定处理铅锌废渣［J］.环境化学,2015,34(8):1553-1560.

［38］王艳梅,刘梅堂,孙华,等.磷石膏转氨法制硫酸技术原理与过程评价［J］.

化工进展,2015,34(S1):196-201.

[39] 李兵,韦莎.电石渣改性磷石膏水泥缓凝剂的研究[J].无机盐工业,2019, 51(7):74-76.

[40] 赵红涛,包炜军,孙振华,等.磷石膏中杂质深度脱除技术[J].化工进展, 2017,36(4):1240-1246.

[41] 边成利,时焕岗,包文运,等.脱硫石膏热处理制备注浆成型模具[J].无机 盐工业,2020,52(2):54-57.

[42] 李亮.利用脱硫石膏制备发泡轻质材料的研究[J].无机盐工业,2018,50 (11):49-52.

[43] 付建.硅酸盐水泥对建筑石膏强度和耐水性的影响[J].非金属矿,2019, 42(5):39-41.

[44] 毋博,赵志曼,刘治亮,等.有机乳液对磷建筑石膏防水性能影响的研究 [J].非金属矿,2018,41(4):62-64.

[45] 马文静,陈学青,邵丽丽,等.脱硫石膏制备 γ-$CaSO_4$ 晶须及 II-$CaSO_4$ 晶须 [J].高校化学工程学报,2021,35(3):520-528.

[46] SISOMPHON K,FRANKE L. Evaluation of calcium hydroxide contents in poz-zolanic cement pastes by a chemical extraction method[J]. Construction and Building Materials,2011,25(1):190-194.

[47] 何小芳,张亚爽,李小庆,等.水泥水化产物的热分析研究进展[J].硅酸盐 通报,2012,31(5):1170-1174.

[48] 刘松辉,管学茂,冯春花,等.赤泥安全堆存和综合利用研究进展[J].硅酸 盐通报,2015,34(8):2194-2200.

[49] LI X B,XIAO W,LIU W,et al. Recovery of alumina and ferric oxide from Ba-yer red mud rich in iron by reduction sintering[J]. Transactions of Nonferrous Metals Society of China,2009,19(5):1342-1347.

[50] 丁冲,周卫宁,单志强,等.还原焙烧赤泥-综合回收铁铝研究[J].矿冶工

程,2016,36(5):103-106.

[51] 张雪凯,周康根,陈伟,等.酸浸-分步萃取法从赤泥中回收铁和稀土:英文版[J].中南大学学报,2019,26(2):458-466.

[52] TONIOLO N,BOCCACCINI A R. Fly ash-based geopolymers containing added silicate waste. A review [J]. Ceramics International, 2017, 43 (17): 14545-14551.

[53] 吴建锋,冷光辉,滕方雄,等.熔融法制备赤泥质微晶玻璃的研究[J].武汉理工大学学报,2009,31(6):5-8.

[54] 赵佳奇,范晓丹,邱春生,等.厨余垃圾厌氧消化处理难点及调控策略分析[J].环境工程,2020,38(12):143-148.

[55] 孙志岩,张君枝,刘翌晨,等.牛粪和玉米秸秆厌氧消化产甲烷潜力及动力学[J].环境工程学报,2016,10(3):1468-1474.

[56] ANGELIDAKI I,TREU L,TSAPEKOS P,et al. Biogas upgrading and utilization:Current status and perspectives[J]. Biotechnology Advances, 2018, 36 (2):452-466.